Biodiversidade tropical

FUNDAÇÃO EDITORA DA UNESP

Presidente do Conselho Curador
Mário Sérgio Vasconcelos

Diretor-Presidente
Jézio Hernani Bomfim Gutierre

Editor-Executivo
Tulio Y. Kawata

Superintendente Administrativo e Financeiro
William de Souza Agostinho

Conselho Editorial Acadêmico
Carlos Magno Castelo Branco Fortaleza
Henrique Nunes de Oliveira
Jean Marcel Carvalho França
João Francisco Galera Monico
João Luís Cardoso Tápias Ceccantini
José Leonardo do Nascimento
Lourenço Chacon Jurado Filho
Paula da Cruz Landim
Rogério Rosenfeld
Rosa Maria Feiteiro Cavalari

Editores-Assistentes
Anderson Nobara
Leandro Rodrigues

COORDENAÇÃO DA COLEÇÃO PARADIDÁTICOS
João Luís C. T. Cecantinni
Raquel Lazzari Leite Barbosa
Ernesta Zamboni
Raul Borges Guimarães
Carlos C. Alberts (Série Evolução)

MARCIO MARTINS E
PAULO TAKEO SANO

Biodiversidade tropical

COLEÇÃO PARADIDÁTICOS
SÉRIE EVOLUÇÃO

© 2004 Editora UNESP

Direitos de publicação reservados à:
Fundação Editora da UNESP (FEU)
Praça da Sé, 108
01001-900 – São Paulo – SP
Tel.: (0xx11) 3242-7171
Fax: (0xx11) 3242-7172
www.editoraunesp.com.br
www.livrariaunesp.com.br
feu@editora.unesp.br

CIP-Brasil. Catalogação na fonte
Sindicato Nacional dos Editores de Livros, RJ

M344b

Martins, Marcio Roberto Costa
    Biodiversidade tropical / Marcio Martins, Paulo Takeo Sano. – São Paulo: Editora UNESP, 2009.
128p.: il;

    Inclui apêndices
    ISBN 978-85-7139-717-0

1. Meio ambiente – Trópicos. 2. Diversidade biológica – Trópicos. 3. Economia ambiental. 4. Ecologia humana. 5. Política ambiental. I. Sano, Paulo Takeo. II. Título.

06-4492.
                                                       CDD: 363.70913
                                                       CDU: 504(213.54)

Editora afiliada:

Asociación de Editoriales Universitarias de América Latina y el Caribe

Associação Brasileira de Editoras Universitárias

A COLEÇÃO PARADIDÁTICOS UNESP

A Coleção Paradidáticos foi delineada pela Editora UNESP com o objetivo de tornar acessíveis a um amplo público obras sobre *ciência* e *cultura*, produzidas por destacados pesquisadores do meio acadêmico brasileiro.

Os autores da Coleção aceitaram o desafio de tratar de conceitos e questões de grande complexidade presentes no debate científico e cultural de nosso tempo, valendo-se de abordagens rigorosas dos temas focalizados e, ao mesmo tempo, sempre buscando uma linguagem objetiva e despretensiosa.

Na parte final de cada volume, o leitor tem à sua disposição um *Glossário*, um conjunto de *Sugestões de leitura* e algumas *Questões para reflexão e debate*.

O *Glossário* não ambiciona a exaustividade nem pretende substituir o caminho pessoal que todo leitor arguto e criativo percorre, ao dirigir-se a dicionários, enciclopédias, *sites* da Internet e tantas outras fontes, no intuito de expandir os sentidos da leitura que se propõe. O tópico, na realidade, procura explicitar com maior detalhe aqueles conceitos, acepções e dados contextuais valorizados pelos próprios autores de cada obra.

As *Sugestões de leitura* apresentam-se como um complemento das notas bibliográficas disseminadas ao longo do texto, correspondendo a um convite, por parte dos autores, para que o leitor aprofunde cada vez mais seus conhecimentos sobre os temas tratados, segundo uma perspectiva seletiva do que há de mais relevante sobre um dado assunto.

As *Questões para reflexão e debate* pretendem provocar intelectualmente o leitor e auxiliá-lo no processo de avaliação da leitura realizada, na sistematização das informações absorvidas e na ampliação de seus horizontes. Isso, tanto para o contexto de leitura individual quanto para as situações de socialização da leitura, como aquelas realizadas no ambiente escolar.

A Coleção pretende, assim, criar condições propícias para a iniciação dos leitores em temas científicos e culturais significativos e para que tenham acesso irrestrito a conhecimentos socialmente relevantes e pertinentes, capazes de motivar as novas gerações para a pesquisa.

SUMÁRIO

A BIODIVERSIDADE SOB UMA PERSPECTIVA HISTÓRICA   9

CAPÍTULO 1
Biodiversidade   15

CAPÍTULO 2
Gradientes latitudinais de biodiversidade   32

CAPÍTULO 3
A biodiversidade nos trópicos   43

CAPÍTULO 4
Biodiversidade no Brasil   57

CAPÍTULO 5
Para que serve a biodiversidade?   73

CAPÍTULO 6
A perda da biodiversidade provocada pela humanidade   83

CAPÍTULO 7
Preservando a biodiversidade   100

CONCLUSÃO   117

GLOSSÁRIO   119
SUGESTÕES DE LEITURA   125
QUESTÕES PARA REFLEXÃO E DEBATE   127

A biodiversidade sob uma perspectiva histórica

Imagine esse mesmo livro que você tem nas mãos agora, sendo escrito no final do século XIX... Ou mais longe, no final do século XVII. Mais! Imagine esse livro escrito no período anterior aos Grandes Descobrimentos...

Apesar de não ser fácil tentar ver através dos olhos de um observador daqueles tempos, você pode fazer um esforço para imaginar qual era o ambiente em que essa pessoa vivia.

Estamos falando do contexto ocidental e, mais especificamente, do europeu. Até meados do século XV, o homem europeu já tinha o olhar acostumado aos elementos que compunham o seu ambiente de vida. Existiam árvores, arbustos e plantas, algumas úteis, outras venenosas. Havia também os animais: uns selvagens, outros, domésticos. Uns para tração e carga, outros para caça e abate. Era assim que os organismos eram agrupados. Dificilmente essa pessoa encontraria alguma planta ou animal que fosse de seu inteiro desconhecimento. O universo dos organismos microscópicos não estava presente nem em seus sonhos mais absurdos. Pelo contrário, a imaginação da humanidade era povoada por monstros de grande porte, plantas amedrontadoras, resultantes dos relatos de alguns poucos viajantes que se aventuraram pelo Oriente e cujas estórias, transmitidas oralmente, iam sendo distorcidas e aumentadas.

Até o início da Idade Moderna e nos séculos XVI e XVII dominou uma visão antropocêntrica – centrada no ser humano – do Universo. Essa visão era fruto de tudo o que representou a Idade Média, tendo sido motivada por interpretações extremas de passagens bíblicas. Para uma pessoa daquela época, tão óbvio e natural quanto o Sol se mover ao redor da Terra (entenda-se: ao redor do homem) era o fato de que a diversidade de organismos existia para seu uso e desfrute. O mundo natural deveria ser subjugado pelo ser humano. Expressões como *"a conquista da natureza"* datam desse período e revelam com exatidão de que maneira as pessoas viam a diversidade dos seres. Diversidade que era relativamente bem conhecida e explorada pelo homem da época.

Aconteceram então as Grandes Navegações!

A partir delas, a Europa é literalmente invadida por um número incontável de novas espécies de plantas e animais exóticos que passaram a fazer parte do dia-a-dia das pessoas. Imagine a mesa de um europeu antes dos Descobrimentos. Simplesmente não havia batatas, nem tomates, nem milho ou qualquer derivado dessas plantas em seu prato! O chocolate e a baunilha não eram sequer imaginados por aquelas pessoas! Com a colonização das Américas, esses e inúmeros outros produtos que já eram utilizados pelos habitantes nativos, passaram também a ser usados pelo europeu.

Isso sem falar na imensa quantidade de plantas e animais que eram enviados para a Europa apenas por serem diferentes e representarem o acesso a um mundo novo e desconhecido. Relatos indicam que os navios portugueses que deixavam o Brasil no início do século XVII transportavam cerca de três mil peles de onças, além de toneladas de pau-brasil. Araras, papagaios, micos, bichos-preguiça, palmito, abacaxis: toda essa novidade teve um impacto muito grande sobre os olhos e a vida do homem europeu.

O número de espécies de plantas e de animais conhecidos na Europa não havia mudado desde os estudos de Aristóteles e de Teofrastos, realizados cerca de trezentos anos antes de Cristo. Foram contabilizados entre quinhentos e seiscentos "tipos" diferentes de animais e o número de tipos de plantas era mais ou menos esse também (o conceito de espécie, nessa época, era muito diferente do que temos agora). Decorridos quase 1.500 anos desses gregos, a civilização ocidental europeia se deparou com uma quantidade enorme de novas formas de fauna e de flora, novas formas de vida!

Foi necessário, então, descrever toda a nova variabilidade de seres vivos que chegou ao solo europeu. Teve início um período muito fecundo de *descrição* dessa diversidade, o que acabou por culminar com a obra de Lineu (Lineu, C. 1758. *Systema naturae per regna tria naturae*. Décima edição. Estocolmo.) na segunda metade do século XVIII, em que todos os animais e plantas conhecidos foram classificados.

Por um lado, tudo isso representou um enorme salto na maneira como as pessoas viam os organismos. Pela primeira vez – e isso só foi possível a partir do século XVIII – as plantas e os animais passaram a ser vistos e estudados desvinculados do homem! Já não se tratava mais de descobrir sua utilidade, mas de descrever sua variação.

Por outro lado, não houve mudança significativa na forma de *interpretar* a diversidade. Tratava-se de descrever toda a variedade nova de organismos que chegava ao solo europeu. Tratava-se da *inclusão* de novos seres ao conjunto de organismos até então conhecidos, não exatamente de uma *nova interpretação* da diversidade. Afinal, para as pessoas da época, a Natureza, à semelhança de seu Criador, era fecunda e criativa. O necessário, então, era alargar os limites do que já era conhecido para abrigar o novo.

Durante o século XVIII e quase todo o XIX, o trabalho de classificação dos organismos tinha por objetivo descobrir a ordem natural das coisas pretendida pelo Criador. A natureza já escondia, em si, uma ordenação que havia sido dada pelo Ser Supremo. A tarefa dos pesquisadores era apenas tentar descobrir e aproximar suas classificações dessa ordem natural.

A partir de 1859, o mundo das ciências sofreu uma reviravolta. Nesse ano, Charles Darwin publicou *A origem das espécies* (Darwin, C. 2002. *A origem das espécies e a seleção natural*. Hemus, São Paulo.) e a partir daí, sim, houve verdadeira reinterpretação da diversidade. Tudo o que se descobriu e pesquisou desde o trabalho de Darwin resultou na elaboração de como a *diversidade* de seres vivos é produto de *processos evolutivos* mediados pela *seleção natural*. Com o avanço da genética, que se deu a partir da redescoberta dos trabalhos de Mendel no final do século XIX, a diversidade passou a ser encarada com outros olhos. Ela deixou de fazer referência apenas à diversidade de formas e de fenótipos e passou a ser vista também sob o ponto de vista genético. Afinal, é nesse nível, também, que ocorrem as diferenças que irão compor a diversidade de seres...

Hoje vivemos outro momento significativo da busca do conhecimento sobre a diversidade biológica. Por um lado, seguimos tentando conhecê-la mais e mais. Descobrimos a cada instante que o mundo e seus componentes são mais vastos do que supunham nossos antepassados. Novas espécies são descritas e o conceito de biodiversidade vai além do número de espécies de um lugar, envolvendo também a diversidade genética, a diversidade de relações e de formas de vida.

Por outro lado, tentamos sintetizar todas as informações que conseguimos nesses séculos de conhecimento acumulado para resgatar a história evolutiva de cada grupo e a história evolutiva de todos os seres vivos do planeta. A biodiversidade passa a ser vista, portanto, não somente no presente como também em um contexto de passado. A intenção – ousada, é verdade! – é tentar contar essa história da qual todos nós somos participantes: a evolução da vida na Terra!

Agora, desvie seu olhar do livro e olhe para uma paisagem natural (tomara que você esteja em um lugar bem bonito quando chegar nesse trecho!). Se não tiver uma "ao vivo", serve uma figura também...

Olhe bem para ela! Tente descobrir, em seus elementos, tudo o que eles têm para contar.

Queremos que, chegando ao final desse livro, mais do que ver apenas uma paisagem bonita, você possa entendê-la. Que você possa descobrir por que ela é assim e qual foi sua história para que chegasse ao que hoje você vê. Para isso, nós lhe convidamos a passear por estas páginas e a descobrir, nelas, uma trilha que o leve a passear pela imensidão do que é a biodiversidade nos trópicos.

Boa viagem!

1 Biodiversidade

Definições de biodiversidade

Afinal de contas, quantas espécies de seres vivos existem no nosso planeta??? Você tem ideia?? Centenas? Milhares? Milhões? A Terra abriga uma enorme variedade de seres vivos e, embora os cientistas tenham catalogado quase dois milhões de espécies, estima-se que um número muito maior ainda seja desconhecido. Com base em estudos recentes, tem-se sugerido que existem na Terra algo em torno de 10 a 15 milhões de espécies!!! E quer saber mais? A grande maioria delas é de insetos! Sim, de insetos!

A definição de biodiversidade engloba não só esse grande número de espécies de seres vivos como também os diferentes *habitats* e ecossistemas em que eles vivem. Mais do que isso: abrange, inclusive, as variações encontradas *dentro* de cada espécie.

Embora a expressão "diversidade biológica" tenha sido usada em livros científicos por muito tempo – você certamente a encontrará em alguns deles –, o termo biodiversidade tornou-se amplamente conhecido na segunda metade da década de 1980 nos Estados Unidos, com a realização de uma discussão sobre o assunto em Washington, o Fórum Nacional da BioDiversidade. Mas foi principalmente a partir da publicação dos resultados dessa discussão, em

1988, no livro *Biodiversidade* (Wilson, E. O. (org.). 1997. *Biodiversidade*. Editora Nova Fronteira, Rio de Janeiro.), que esse termo popularizou-se ao redor do mundo.

No Brasil, a palavra "biodiversidade" foi rapidamente incorporada pela mídia, principalmente durante a preparação da Rio 92 - também conhecida por Eco 92 (Conferência sobre Meio Ambiente e Desenvolvimento, realizada no Rio de Janeiro em 1992). Hoje em dia, o termo é empregado de maneira bastante ampla. Para você ter uma ideia, ele é usado para significar a variação da vida em níveis muito diferentes que vão desde os genes até a biosfera (conjunto de toda a vida em nosso planeta).

O termo biodiversidade fez tanto sucesso entre os cientistas do mundo todo que uma pesquisa recente mostrou que ele foi utilizado pela primeira vez em 1988. Três anos depois, apareceu em quase cem textos científicos e, em 1998, já fazia parte de mais de quatrocentos desses textos.

Diante de tanto uso e de tantos significados, existe uma definição "oficial" do que é a biodiversidade? Sim, existe! A Convenção sobre Diversidade Biológica – assinada pelo Brasil na Rio 92 e aprovada pelo Congresso Nacional em 1994 – define biodiversidade como

> a variabilidade de organismos vivos de todas as origens, compreendendo, dentre outros, os ecossistemas terrestres, marinhos e outros ecossistemas aquáticos e os complexos ecológicos de que fazem parte; compreendendo ainda a diversidade dentro de espécies, entre espécies e de ecossistemas. (Ministério do Meio Ambiente. 2000. A Convenção sobre Diversidade Biológica – CDB. Série Biodiversidade nº 1. Centro de informação e Documentação Luís Eduardo Magalhães, Brasília.)

Vamos tentar entender tudo isso...

A diversidade *dentro de uma espécie* compreende a variação encontrada entre diferentes indivíduos e populações dessa espécie. Populações são agrupamentos de indivíduos de uma mesma espécie, que vivem em uma mesma área e se reproduzem entre si com frequência. Isso é fácil de entender se tomarmos a espécie humana como exemplo. Ela é constituída por várias populações, todas da mesma espécie, que habitam cada uma um local específico e com variações entre elas.

A diversidade dentro de uma espécie geralmente é expressa pela *diversidade genética* entre os indivíduos e as populações. É possível defini-la, também, pela variabilidade de outras características como, por exemplo, os padrões de comportamento ou as diferenças morfológicas entre os indivíduos e as populações.

O termo biodiversidade, contudo, é usado com frequência como um indicador da diversidade *entre espécies*, como por exemplo, o número de espécies de uma comunidade (conjunto espécies que habitam um mesmo ambiente). Pode-se dizer, por exemplo, que o Brasil possui a maior diversidade de mamíferos do planeta (ou seja, possui mais espécies diferentes de mamíferos do que qualquer outro país).

Ultimamente, os cientistas têm sugerido o uso do termo diversidade *entre organismos* em vez de *entre espécies*, pois a primeira opção permite a inclusão de categorias de classificação acima do nível de espécie. Vamos explicar: em Biologia, considera-se que um conjunto de espécies deve ser agrupado dentro de um gênero. Conjuntos de gêneros são agrupados em famílias, conjuntos de famílias são agrupados em ordens e daí por diante. Essas são as categorias de classificação acima de espécie. Entendeu? O uso do termo diversidade *entre organismos* pode incluir qualquer uma ou várias dessas categorias.

Pode ser que você já tenha ouvido falar em "biodiversidade de ecossistemas". Então, é bom que saiba que essa expressão não é adequada... Quer saber por quê? Chamamos de ecossistema um complexo (ou sistema) dinâmico que inclui as comunidades de vegetais, animais e microrganismos juntamente com o meio inorgânico em que vivem e as inter-relações entre todos. O termo *biodiversidade de ecossistemas* é inadequado, pois seria incorreto dizer que há uma *biodiversidade* do meio físico e químico (que são parte integral dos ecossistemas), já que *bios* se refere à vida. Agora, atenção: biodiversidade *de* ecossistemas é completamente diferente de biodiversidade *dos* ecossistemas. Logo você vai descobrir por quê. O mais apropriado, quando se fizer menção ao nível das comunidades, é se referir a uma *biodiversidade ecológica*.

Vamos, então, resumir o que dissemos. A biodiversidade é tratada atualmente em três níveis principais: *biodiversidade genética* (dentro de espécies), *biodiversidade de organismos* (entre espécies ou qualquer outro nível mais alto de classificação) e *biodiversidade ecológica* (de comunidades ecológicas).

Não, ainda não esgotamos o assunto: é possível, ainda, descrever a biodiversidade de outras formas. O cientista americano Reed Noss, por exemplo, sugeriu que a biodiversidade pode ser aferida sob outros três pontos de vista: a *composição* (quais elementos compõem a comunidade em estudo), a *estrutura* (como os elementos que compõem a comunidade se organizam fisicamente) e a *função* (que processos ecológicos mantêm ou são produzidos pela comunidade). Por exemplo, ao estudarmos uma poça d'água formada após chuvas fortes de verão, podemos descrever quais elementos compõem a comunidade (algas, girinos, larvas de insetos aquáticos, entre outros), ou seja, sua composição; podemos descrever em que micro-habitat (uma parte do *habitat*) está cada componente da comunidade (algas recobrindo as folhas caídas depositadas no fundo, girinos na superfície dessas folhas), ou seja, sua estrutura; e, finalmente, podemos listar os processos ecológicos envolvidos: sucessão de larvas de insetos aquáticos ao longo da estação chuvosa, consumo de algas por girinos, ou seja, fornecer uma visão funcional da comunidade.

Em Ecologia, a ciência que estuda as interações entre os organismos e entre estes e o ambiente, o termo diversidade tem um significado um pouco mais abrangente: a diversidade de um local é determinada não só pelo número de espécies que ocorrem nesse local (o que chamamos de *riqueza de espécies*), como também pelas *abundâncias relativas* (número de indivíduos de uma espécie em relação ao número total de indivíduos que ocorrem na área) das espécies presentes no local. Calma, vamos explicar...

Olhe para a Figura 1. Ela mostra, de forma bem simplificada, a "diversidade" de rãzinhas em quatro locais. Note que há apenas quatro espécies de rãzinhas na figura. Podemos ordenar esses locais pela riqueza (ou pelo número) de espécies: os locais mais ricos são C e D, cada um com quatro espécies de besouros; o local A vem em seguida, com três espécies; e o local B é o que tem menor riqueza: apenas uma espécie.

Apesar de C e D possuírem o mesmo número de espécies, existe uma diferença fundamental entre eles, não? E qual é a diferença? No local C, todas as espécies possuem abundâncias semelhantes: cada uma com três indivíduos. Em outras palavras, cada espécie contribui com 25% dos 12 indivíduos do local. Já no local D, uma espécie é muito abundante, com nove indivíduos (ou 75% do total de indivíduos do local), enquanto outras três são pouco abundantes (cada uma com apenas 8,3% do total de indivíduos do local).

Aqui, fica claro, portanto, que a riqueza (o número de espécies) de um local não é suficiente para descrever sua diversidade, já que as abundâncias relativas podem ser muito diferentes entre dois locais.

Parece mais simples, não é? Então vamos aumentar um pouco mais a complexidade do assunto... A combinação

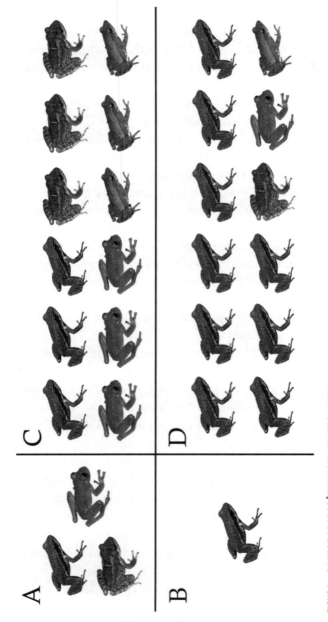

FIGURA 1. DIVERSIDADE DE RÃZINHAS EM QUATRO LOCAIS.

entre riqueza e abundância relativa pode nos confundir quando tentamos descrever a riqueza de espécies não de um local apenas, mas a de um ecossistema. Por exemplo, pense por alguns instantes: qual dos ecossistemas brasileiros possui maior riqueza de aves, o Pantanal ou a Mata Atlântica? (pausa para você pensar...).

Se você for às planícies alagáveis do Pantanal, especialmente na época da vazante, ou seja, no período de menos chuva, verá uma quantidade enorme de aves, na maioria espécies aquáticas, como garças e jaburus. Mas note que você está vendo uma infinidade de indivíduos de poucas espécies. Por outro lado, durante um passeio por uma trilha na Mata Atlântica, você verá muito poucas aves, ouvirá algumas (ou muitas, caso esse passeio seja feito no crepúsculo) e várias outras estarão por perto, mas passarão despercebidas por você. A maioria dessas aves será composta por passarinhos, que dificilmente são observados entre a folhagem das copas das árvores. Além disso, você raramente verá vários indivíduos de uma mesma espécie ao mesmo tempo, pois os passarinhos de floresta não tendem a se deslocar em grupos. Depois desses dois passeios, pode ser que conclua que o Pantanal possui maior riqueza de aves que a Mata Atlântica. Errado! Um hectare (100 x 100 m) de Mata Atlântica possui, em média, muito mais espécies de aves que um hectare do Pantanal, embora isso não seja tão aparente. Então, quer dizer que existem ecossistemas muito mais ricos que outros? Sim! E o que causa essa diferença??? Suspense... Se você prosseguir na leitura, garantimos que descobrirá a resposta!

Como a biodiversidade é gerada

Você já se perguntou como surgiu essa enorme variedade de formas de vida que habita nosso planeta? Não, não estamos falando daquela história do ovo e da galinha... Estamos partindo de um ponto mais adiante na história da vida sobre a Terra. Nosso interesse, nesse momento, é refletir sobre o surgimento da *diversidade* da vida. Pois bem, do mesmo modo que novos indivíduos são originados a partir de indivíduos ancestrais, novas populações se originam de populações ancestrais e, em última instância, novas espécies surgem a partir de linhagens ancestrais. O surgimento de novas espécies – processo chamado de especiação – é o mais óbvio mecanismo gerador de diversidade. E como isso acontece?

Na grande maioria das vezes, a especiação se dá pelo *isolamento reprodutivo* de populações de uma mesma espécie. Algo acontece que impede completamente a troca de genes entre as populações ou diminui bastante essa troca. Uma ótima demonstração é o surgimento de novas espécies pelo isolamento de populações em ilhas oceânicas. Para explicar, nada melhor que exemplo brasileiro! Você sabia que houve um período em que nossas praias foram muito mais distantes do que hoje? Que para ir à praia você precisaria se deslocar por mais 100 km, mais ou menos, a partir da linha da costa atual? Pois então, há cerca de 18 mil anos, durante o auge da última glaciação, o nível do mar na costa do Brasil encontrava-se quase 130 m abaixo do nível atual, pois boa parte da água dos oceanos encontrava-se congelada nos polos. Portanto, uma parte considerável do fundo do mar próximo da costa encontrava-se exposto. Toda essa área provavelmente era coberta por matas como as que hoje cobrem as planícies litorâneas do sudeste do Brasil. As atuais ilhas desse litoral eram montanhas nessa planície. Com o aumento do nível do mar ao longo de milênios, essas montanhas tornaram-se ilhas. Muito interessante, não?

Na costa de São Paulo, a jararaca comum (*Bothrops jararaca*) ocorre atualmente em todo o litoral e muito provavelmente também ocorria naquela época. Nas ilhas da Queimada

Grande e de Alcatrazes, duas populações da jararaca ficaram isoladas com a subida do nível do mar e, portanto, não se acasalavam mais com as populações do continente. Diante de condições ambientais distintas nessas áreas, aquelas jararacas foram se diferenciando a ponto de hoje serem consideradas espécies distintas da jararaca comum. Lembre-se que isso deve ter acontecido por meio da seleção natural (mudança na frequência de caracteres genéticos numa população por meio da sobrevivência e reprodução diferencial de indivíduos contendo esses caracteres) ou por deriva genética (mudança na frequência de caracteres genéticos numa população devida ao acaso). Desse modo, duas novas formas diferenciadas de jararacas surgiram nos últimos dez mil anos como consequência do processo de isolamento e posterior diferenciação de populações. Ou seja, onde havia apenas uma espécie de jararaca há 15 mil anos, hoje existem três!

Você precisa saber, no entanto, que nem sempre é necessário o isolamento em ilhas, como o descrito para as jararacas, para que populações de uma mesma espécie se tornem isoladas e sofram diferenciação. O surgimento de barreiras geográficas – como rios e montanhas – que isolem populações de espécies que se distribuem por áreas muito amplas, com frequência levam ao surgimento de novas espécies. Mais ainda: até populações não isoladas geograficamente podem acabar se diferenciando tanto que se tornam reprodutivamente isoladas e acabam dando origem a espécies distintas. Entretanto, são relativamente raros os casos desse tipo de especiação descritos até hoje.

Embora a especiação seja muito importante, ela não é o único processo que leva ao aumento da diversidade de uma região. A colonização é também um fator importante para o aumento da biodiversidade. Voltemos ao exemplo das ilhas do litoral do sudeste do Brasil. Imagine que *antes* da última glaciação, as áreas próximas do litoral encontravam-se submersas, como hoje. Com a glaciação, o nível do mar regrediu e estas áreas tornaram-se expostas. O que antes era fundo de mar tornou-se o chão de florestas litorâneas durante a glaciação. A areia nua do fundo exposto desse mar acabou sendo colonizada por plantas e animais até que se instalaram florestas parecidas com as matas litorâneas atuais. Ou seja, por meio de colonização, uma região na qual não havia qualquer planta ou animal terrestre passou a ter uma enorme diversidade, com centenas de espécies de plantas e milhares de variedades de animais e outros organismos terrestres. E de onde vieram esses organismos? Dá para se ter uma ideia, não? O que houve foi principalmente uma expansão da área de ocorrência desses animais e plantas a partir de áreas adjacentes que eram cobertas por florestas litorâneas. No caso das plantas e de alguns animais, dá para imaginar também que vários deles vieram de locais mais distantes: os animais, migrando ativamente; as plantas, por sua vez, transportadas por esses animais ou pelo vento, como sementes ou frutos, por exemplo.

Biodiversidade no passado

Imagine que você tivesse em suas mãos um livro que pudesse contar, capítulo a capítulo, toda a história da vida na Terra. Veja bem: dissemos *toda*!!! Dá para imaginar que ele seria meio volumoso, não? Quantas folhas seriam necessárias para isso? Qualquer estimativa é bem difícil... Pois bem, a história da vida na Terra está toda aí, diante de nossos olhos! Sim, diante de nossos olhos, expressa na diversidade de organismos e de relações que são a manifestação dessa vida. Convidamos você, agora, a folhear esse imenso livro natural e a conhecer parte dessa história. Vamos lá! Página 1: o número de espécies no planeta foi sempre o mesmo?

O número de espécies existentes na Terra não foi constante ao longo do tempo. Desde que a vida surgiu em nosso planeta há mais de três bilhões de anos até cerca de seiscentos milhões de anos, os organismos existentes se limitavam a seres semelhantes às bactérias, aos protozoários e às algas unicelulares atuais, praticamente todos vivendo nos oceanos primitivos. Sabe-se, por exemplo, que os animais marinhos começaram a aparecer por volta de seiscentos milhões de anos atrás, e a partir de cerca de 550 milhões de anos – o início do período Cambriano –, ocorreu uma grande diversificação de grupos de invertebrados marinhos. Os invertebrados existentes por volta de quinhentos milhões de anos atrás já apresentavam grande parte da diversificação de formas e padrões estruturais que encontramos na fauna atual.

Calcula-se que cerca de cem filos animais – grupos abrangentes de animais com características semelhantes – tenham existido durante o final do Cambriano (490 milhões de anos atrás), incluindo a grande maioria dos 37 filos que habitam a Terra atualmente. A partir daí, as plantas e os animais começaram a se expandir pelos ambientes terrestres, com os primeiros fósseis datando de cerca de quatrocentos milhões de anos. Curiosamente, nenhum novo filo animal surgiu com a colonização dos ambientes terrestres. O contrário aconteceu com as plantas. Com exceção das algas, que já existiam nos oceanos, todos os demais filos (que no caso das plantas são chamados de *divisões*) – dos musgos às plantas com flores – surgiram e se diversificaram no ambiente terrestre. No período que se seguiu à colonização do ambiente terrestre até o final do Devoniano (360 milhões de anos), a diversidade de organismos terrestres manteve-se relativamente baixa. A partir daí, houve um aumento gradativo no número de espécies de animais, plantas e microrganismos, tanto nos ambientes marinhos como nos terrestres, culminando na enorme biodiversidade atual.

Com base nos registros fósseis dos insetos, grupo mais diversificado atualmente, sabe-se que, embora tenham surgido no Devoniano, foi a partir do Carbonífero (360 a 286 milhões de anos) que entraram em uma fase de grande diversificação, resultando na imensa diversidade atual para o grupo. No passado, era comum encarar a grande diversificação dos insetos como consequência da diversificação das plantas com flores, as angiospermas. Entretanto, sabemos hoje que a diversificação dos insetos antecedeu aquela das angiospermas em cerca de 150 milhões de anos!

Embora os peixes tenham se originado por volta do final do Ordoviciano (há cerca de 440 milhões de anos), os vertebrados terrestres (anfíbios, répteis, aves e mamíferos) apareceram no registro fóssil somente a partir do final do Devoniano (há pouco mais de 360 milhões de anos). A diversidade de vertebrados terrestres manteve-se relativamente baixa até a metade do Cretáceo (há cerca de noventa milhões de anos) e a partir daí não parou de aumentar até chegar às quase trinta mil espécies conhecidas atualmente.

E com as plantas, o que aconteceu? A diversidade de plantas também variou intensamente durante os últimos quinhentos milhões de anos. Sabe-se que as plantas vasculares terrestres apareceram no Siluriano, há pouco mais de quatrocentos milhões de anos, embora haja indícios de que plantas semelhantes a musgos tenham aparecido um pouco antes. Inicialmente as comunidades vegetais terrestres eram compostas essencialmente por musgos e pteridófitas (o grupo que inclui as samambaias). Posteriormente, o planeta foi dominado por gimnospermas, ou plantas sem flores – especialmente a partir da extinção em massa do final do Permiano, tratada a seguir –, e finalmente, do final do Cretáceo, há cerca de 65 milhões de anos, até os dias atuais, as comunidades vegetais tornaram-se dominadas pelas plantas com flores, as angiospermas. Sabe o que isso quer dizer? Que a maioria dos grandes dinossauros não conheceu as flores!!!

Portanto, desconfie quando assistir a um filme que mostre dinossauros caminhando em florestas com árvores floridas...

Calcula-se que número atual de espécies conhecidas representa entre 2 e 4% de todas as espécies de animais, plantas e microrganismos que já existiram no planeta. Ou seja, a grande maioria das espécies que já existiram sobre a Terra foi extinta. Na verdade, sabe-se que o destino final de todas as espécies é a extinção. A longevidade de algumas espécies já extintas – de protistas a mamíferos – foi estimada entre quinhentos mil a 13 milhões de anos. Sabemos, ainda, que a biodiversidade sofreu grandes variações ao longo da história do planeta, especialmente devido às extinções em massa, ocorridas em períodos relativamente curtos de tempo. Por exemplo, nos últimos seiscentos milhões de anos, cinco grandes extinções em massa dizimaram pelo menos metade da biodiversidade da Terra. Embora a mais famosa seja aquela que dizimou os dinossauros – no fim do Cretáceo – a extinção ocorrida no final do Permiano, há 245 milhões de anos, foi tão drástica que levou ao desaparecimento de 95% dos organismos marinhos existentes naquela época.

As extinções em massa geralmente não afetaram os diferentes grupos de organismos de maneira semelhante. Porém, a extinção do final do Permiano foi uma das poucas que parece ter afetado de maneira semelhante tanto plantas quanto animais terrestres e marinhos.

Imagine que fosse possível você observar, de longe e com os fatos acontecendo rapidamente, tudo o que se sucedeu a uma grande extinção! Certamente você veria um cenário meio desolador que depois daria lugar a um novo panorama, bem diferente do anterior...

Os períodos que se seguiram às extinções em massa foram caracterizados por modificações importantes nas comunidades de animais e plantas existentes antes das extinções. Os mamíferos, por exemplo, tiveram um desenvolvimento espetacular após o desaparecimento dos dinossauros, plesiossauros e pterossauros no final do Cretáceo. Lembre-se também que, nas comunidades de plantas anteriores ao final do Cretáceo (65 milhões de anos atrás), predominavam as gimnospermas. Após esse período, as comunidades passaram a ser dominadas pelas angiospermas: as flores passaram a dominar a paisagem!

Agora algo que parece uma contradição: mesmo com todas essas extinções em massa, calcula-se que exista, hoje, maior biodiversidade do que houve em qualquer época passada. Isso porque ocorreu uma maior taxa de surgimento de novas espécies do que de extinção de espécies preexistentes, ao longo do tempo. Com isso, o número de espécies atualmente é maior que no passado.

Então, qual é mesmo esse número de espécies em nossos tempos?

A biodiversidade no mundo atual

Cerca de 1,7 milhões de espécies de animais, plantas e microrganismos já foram descritos pelos cientistas ao redor do mundo. Esse número, no entanto, é *apenas uma parcela* da biodiversidade que atualmente habita a Terra. Milhares de espécies desconhecidas são descobertas todos os anos, especialmente de organismos de pequeno porte, como insetos e microrganismos. São descritas a cada ano, em média, mais de sete mil espécies de insetos (2.500 só de besouros!), mais de 1.500 espécies de fungos e cerca de quatrocentos vertebrados (especialmente peixes, anfíbios e répteis). Mesmo para os grupos de vertebrados mais conhecidos, a taxa de descoberta de novas espécies ainda é alta: em média 25 novas espécies de mamíferos e cinco de aves são descritas anualmente.

As estimativas do total de espécies viventes variam de alguns milhões a várias dezenas de milhões. Esses números – dezenas de milhões de espécies – são resultado de uma série de extrapolações feitas a partir de insetos capturados em copas de árvores de florestas tropicais e de vermes nematódeos no fundo de oceanos. Como isso acontece? Fez-se a contagem de espécies ainda desconhecidas em uma determinada área (copa de árvore ou fundo de oceano, por exemplo) e, a partir disso, foram feitas projeções, estimativas, de quanto haveria no total. Entretanto, essas extrapolações são, em geral, amplamente criticadas pelos cientistas, e várias evidências contrárias a elas estão se acumulando nos últimos anos. Atualmente, são mais aceitas estimativas ao redor de 10 a 15 milhões de espécies. O Quadro 1 a seguir mostra a diversidade conhecida e estimada dos diferentes grupos de organismos atuais.

Note que os insetos são, de longe, o grupo mais numeroso da Terra, com quase um milhão de espécies já catalogadas e vários milhões ainda por serem descobertos. Grande parte do restante da biodiversidade é constituída de vírus, bactérias, fungos, plantas, nematódeos, aracnídeos e protistas. Além dos insetos, os grupos mais desconhecidos – cuja proporção de espécies já catalogadas ainda é pequena em relação ao que se estima que existam – são os invertebrados como um todo, os vírus, os fungos, os protistas e as bactérias.

Com relação às plantas, os números variam bastante. Existem grupos relativamente bem conhecidos, como as briófitas. Em contrapartida, grupos com número muito grande de espécies, como é o caso das plantas com flores, ainda carecem de estudos mais detalhados que expressem com maior fidelidade o número total de espécies conhecidas. As primeiras décadas do século XXI, esse em que estamos, assistirão a um esforço coletivo e concentrado de botânicos do mundo todo para que tais números sejam gerados. Portanto, fique atento! Em breve, teremos mais novidades.

Você tem ideia de como isso tudo, todo esse número de espécies se distribui na superfície de nosso planeta? Não?! Então vamos ao próximo capítulo!

QUADRO 1. DIVERSIDADE CONHECIDA E ESTIMADA DOS DIFERENTES GRUPOS DE ORGANISMOS ATUAIS

Domínios	Grupos de Eucariontes	Número de espécies descritas	Total estimado
vírus		2.000	500.000
bactérias		9.000	400.000
eucariontes			
	animais		
	vertebrados (total)	60.790	68.000
	mamíferos	4.630[a]	5.500
	aves	9.960[b]	10.300
	répteis	8.700[c]	9.700
	anfíbios	6.400[d]	7.200
	peixes	31.100[e]	35.000
	insetos e miriápodes	980.000	6.000.000
	aracnídeos e outros	80.000	750.000
	moluscos	70.000	200.000
	crustáceos	40.000	150.000
	nematódeos	25.000	400.000
	fungos (total)	72.000	1.500.000
	ascomicetos	32.000[f]	
	basidiomicetos (cogumelos etc.)	22.000[f]	
	fungos liquenizados	13.500[g]	
	plantas (total)	245.000	500.000
	algas	27.260[h]	
	musgos	12.800[i]	
	pteridófitas (samambaias etc.)	12.000	
	gimnospermas (pinheiros etc.)	800	
	angiospermas (plantas com flor)	220.000	
	protistas (protozoários e vários outros)	40.000	600.000
Total		~ 1.750.000	10 a 15 milhões

ADAPTADO DE GROOMBRIDGE E JENKINS (2002) E STORK (1997), EXCETO QUANDO ANOTADO.
GROOMBRIDGE, B. E M. D. JENKINS, 2002. *WORLD ATLAS OF BIODIVERSITY: EARTH'S LIVING RESOURCES IN THE 21ST CENTURY*. UNIVERSITY OF CALIFORNIA PRESS, BERKELEY.
STORK, N. E. 1997. MEASURING GLOBAL BIODIVERSITY AND ITS DECLINE. PP. 41-68 *IN* M. L. REAKA-KUDLA, D. E. WILSON E E. O. WILSON (ORGS.), BIODIVERSITY II: UNDERSTANDING AND PROTECTING OUR BIOLOGICAL RESOURCES. JOSEPH HENRY PRESS, WASHINGTON.

a – Wilson, D. E. e D. M. Reeder (coordenadores). 2005. Mammal Species of the World. A Taxonomic and Geographic Reference (3rd ed.), Johns Hopkins University Press.
b – Peterson, A. P. 2009. Zoonomen Nomenclatural Resource. http://www.zoonomen.net
c – Uetz, P. et al., The Reptile Database, http://www.reptile-database.org.

d – Frost, Darrel R. 2009. Amphibian Species of the World: an Online Reference. Version 5.3 (12 February, 2009), http://research.amnh.org/herpetology/amphibia/ American Museum of Natural History, New York.
e – Froese, R. and D. Pauly. Editors. 2009. FishBase. World Wide Web electronic publication. www.fishbase.org, version (03/2009).
f – Capelari, M., A. M. Gugliotta e M. B. Figueiredo. 1998. O estudo de fungos microscópicos no Estado de São Paulo. Pp. 9-23 *in* C. A. Joly e C. E. M. Bicudo (orgs.), Biodiversidade do Estado de São Paulo: Síntese do Conhecimento ao Final do Século XX. Vol. 2. Fungos Macroscópicos e Plantas. Fapesp, São Paulo.
g – Marcelli, M. P. 1998. Diversidade de fungos liquenizados no Estado de São Paulo: um diagnóstico. Pp. 25-35 *in* C. A. Joly e C. E. M. Bicudo (orgs.), Biodiversidade do Estado de São Paulo: Síntese do Conhecimento ao Final do Século XX. Vol. 2. Fungos Macroscópicos e Plantas. Fapesp, São Paulo.
h – Guiry, M.D. & Guiry, G.M. 2009. AlgaeBase. World-wide electronic publication, National University of Ireland, Galway. http://www.algaebase.org.
i – Crosby, M. R., R. E. Magill, B. Allen e S. He. 1999. A checklist of the mosses. Missouri Botanical Garden, St. Louis.

2 Gradientes latitudinais de biodiversidade

Os grandes naturalistas do século XIX escreveram que as regiões tropicais abrigavam uma grande variedade de espécies. Entre esses naturalistas, dois são bastante conhecidos: Charles Darwin e Alfred Russel Wallace, os proponentes da teoria da evolução por seleção natural. De fato, há uma biodiversidade maior nas regiões temperadas do que nas regiões polares e uma biodiversidade muito maior nas regiões tropicais do que nas regiões temperadas. Isso se deve aos *gradientes latitudinais de biodiversidade*. Fique tranquilo: vamos explicar o que significa essa expressão... Para isso, mais uma vez, queremos contar com você, nosso viajante nessa aventura. Imagine que você caminhe dos polos da Terra em direção ao equador, ou seja, de lugares de maior latitude (e frios!) para outros de menor latitude (e quentes!), até a latitude zero, no equador. O que vê? Pode nos contar?

Certamente você verá um aumento no número de espécies com a diminuição da latitude – ou seja, com a aproximação do equador – tanto no hemisfério norte como no hemisfério sul. E esses gradientes existem há pelo menos 270 milhões de anos!

Um exemplo de gradiente latitudinal é a variação do número de espécies de mamíferos nas Américas, representado no Mapa 1, a seguir. É possível notar que o número de espécies é pequeno nas regiões frias de altas latitudes (por exemplo, no norte do Canadá e no sul da Argentina) e que esse número aumenta em direção às regiões mais quentes, até atingir um valor máximo próximo do Equador. Também é possível notar uma forte influência positiva do relevo heterogêneo que caracteriza a cordilheira dos Andes e as cadeias de montanhas da América Central.

MAPA 1. VARIAÇÃO DO NÚMERO DE ESPÉCIES DE MAMÍFEROS NAS AMÉRICAS

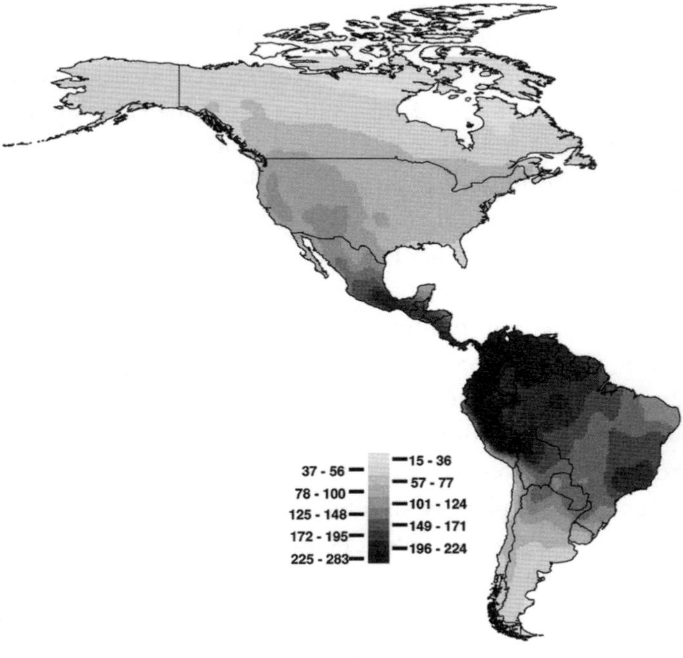

FONTE: WILLIG ET AL., 2003, *ANNUAL REVIEW OF ECOLOGY AND SYSTEMATICS* 34:273-309

Exceto por poucos casos – a diversidade de pinguins e focas, por exemplo, é maior nas altas latitudes – os mais diversos grupos de organismos obedecem a gradientes latitudinais de diversidade (por exemplo, mamíferos, peixes, insetos, minhocas, moluscos marinhos e plantas) nas mais diversas regiões do mundo, o que inclui todos os continentes e os oceanos! Esse caráter universal indica que um ou poucos fatores são responsáveis pela maior diversificação, nos trópicos, de grupos de organismos tão diferentes. Recentemente foi mostrado que até a diversidade de culturas humanas apresenta um gradiente latitudinal: à medida que nos distanciamos das regiões tropicais, diminui o número de culturas diferentes e, portanto, de línguas distintas. Mais uma evidência de que não estamos tão afastados assim do mundo natural: somos efetivamente parte dele!

Os gradientes latitudinais de biodiversidade talvez tenham sido o primeiro padrão biológico a ser abordado pela ciência da Ecologia. Já em 1808, o naturalista alemão Alexander von Humboldt descreveu e tentou explicar os gradientes latitudinais de diversidade. Posteriormente, esses padrões foram assunto de obras fundamentais da teoria evolutiva, tendo papel importante nas obras de Charles Darwin e Alfred Russel Wallace, bem como nas obras de alguns dos biólogos mais influentes do século XX. Em um texto de 1878, no qual comenta a diversidade de plantas das florestas tropicais, Wallace escreve em seu livro *Tropical Nature, and Other Essays* que "À medida que nos aproximamos das regiões de frio polar e aridez desértica a variedade de grupos e espécies [de plantas] diminui com regularidade..."

Mas atenção: a tendência do aumento da diversidade com a diminuição da latitude não é regular em todo o planeta. Imagine que você agora caminhe não dos polos ao Equador, mas em linha reta, de leste para oeste, em uma mesma faixa latitudinal. Se examinar a diversidade ao longo de uma mesma latitude, você observará uma grande variação no número de espécies. Isso porque você passará por *habitats* mais produtivos, em termos de produção fotossintética, e outros menos (por exemplo, florestas tropicais com diferentes quantidades de chuvas anuais); por ambientes com vegetação aberta e por outros mais florestais (de estrutura mais complexa); ou, ainda, passará por *habitats* com condições climáticas mais constantes para outros com clima mais variável (por exemplo, de florestas para desertos).

A essa altura, você deve estar se perguntando: mas, por que existem os gradientes latitudinais de diversidade? (se ainda não fez a pergunta, acabamos de fazê-la por você...).

A resposta não é simples. Mais de trinta explicações já foram propostas para esses gradientes, e várias delas não são mutuamente exclusivas, ou seja, um conjunto de fatores pode ser responsável pelos gradientes, alguns com maior e outros com menor importância. Por mais incrível que pareça, até hoje não há consenso geral sobre quais explicações são as mais prováveis... De forma resumida, já foi proposto que esses gradientes são resultado de fatores históricos, geográficos, bióticos, abióticos, ou ainda, resultado do acaso. Vamos apresentar, a seguir, algumas dessas explicações e tentar discuti-las com você.

O histórico de uma região tem grande influência sobre a biodiversidade. Depois de tudo o que já debatemos, essa ideia é mais fácil de ser entendida agora, não? Ou seja, episódios ocorridos ao longo do tempo geológico – lembre-se, por exemplo, daqueles relacionados com os movimentos dos continentes e com as mudanças climáticas – foram também importantes na determinação da biodiversidade.

Isso fica claro quando olhamos para outro continente – a Oceania – e verificamos a enorme diversidade de marsupiais (mamíferos sem placenta, como o canguru e o gambá) lá encontrados: três quartos das espécies atuais desse grupo ocorrem ali. Sabe por quê? Isso se deve grandemente ao fato de a região ter ficado isolada do restante do mundo nos últimos cinquenta milhões de anos. Convenhamos: é tempo suficiente para uma enorme diversificação na ausência de outros grupos de mamíferos. Quer outro exemplo mais próximo de nós? O soerguimento da Cordilheira dos

Andes, iniciado há cerca de 25 milhões de anos, teve enorme importância para a diversificação excepcional de plantas e animais ocorrida no noroeste da América do Sul. Com relação às plantas, o Chile, por exemplo, possui uma flora muito diferente da existente na Argentina. O motivo para tanto é principalmente a existência da Cordilheira entre os dois países, servindo de barreira geográfica.

Com isso, já estamos praticamente falando de outro elemento que influencia os gradientes latitudinais: o fator geográfico. Por fator geográfico entenda, por exemplo, latitude, altitude e profundidade dos oceanos. Esses componentes, por si só, não são as *causas* dos gradientes de diversidade, mas, sim, estão fortemente relacionados com os fatores que realmente causam tais gradientes.

Mais uma explicação para a diversidade nos trópicos: as eras glaciais. Nos últimos dois milhões de anos, as regiões temperadas enfrentaram uma série de períodos com temperaturas muito baixas, chamados glaciações. Entre essas glaciações, houve períodos interglaciais, com temperaturas mais altas, mais favoráveis à vida. Atualmente, estamos em um desses períodos interglaciais!

Como as glaciações afetaram principalmente as regiões temperadas do globo, considera-se que, em geral, seu efeito tenha sido pouco expressivo para os organismos dos ambientes tropicais. Por conta disso, sugeriu-se que as regiões temperadas possuem menor diversidade do que as tropicais simplesmente por suas comunidades não terem tido tempo de se recuperar dos efeitos devastadores das glaciações. É possível que não tenha havido tempo suficiente para que a fauna e a flora recolonizassem as áreas mais afetadas pelas glaciações. Você precisa saber, no entanto, que existem vários argumentos que colocam em dúvida a validade dessa hipótese. Por exemplo, um estudo sobre pragas que atacam a cana de açúcar em diversas regiões da Terra não consegui encontrar uma relação entre o tempo decorrido desde a introdução dessa cultura nessas regiões e a diversidade de pragas que a utilizam. Por outro lado, alguns estudos recentes indicam que, embora não explique totalmente os gradientes de diversidade, a história de glaciações teve alguma importância na sua determinação. (Hawkins, B. A. e E. E. Porter. 2003. Relative influences of current and historical factors on mammal and bird diversity patterns in deglaciated North America. *Global Ecology and Biogeography* 12:475–481.)

Existe ainda outra explicação que complementa a anterior e que, de certa forma, a amplia e a torna mais consistente. Foi proposto que, em comparação com as regiões temperadas, os trópicos tiveram um período maior de estabilidade climática e com isso, estiveram muito tempo sob condições mais favoráveis à vida. Isso levou à maior diversidade nas regiões tropicais. Em outras palavras, a fauna e a flora tropicais teriam tido mais tempo para se diversificar! Embora essa seja uma explicação relativamente aceita, é encarada com cautela no meio científico, pois sozinha não seria suficiente para explicar todas as variações que vemos hoje nos gradientes latitudinais de biodiversidade.

Não, ainda não terminamos! Há mais explicações! Uma delas baseia-se na velocidade com a qual se daria a evolução em ambientes tropicais e temperados. Ela sugere que as altas temperaturas dos trópicos propiciam a ocorrência de gerações mais curtas e, em consequência, um crescimento mais rápido. Isso resultaria em taxas maiores de mutação e de seleção, provocando o surgimento de novas espécies de forma mais acelerada.

Um estudo recente sobre a diversidade de foraminíferos – minúsculos protozoários marinhos com conchas – mostrou que, de fato, nos últimos sessenta milhões de anos, o número de espécies nas comunidades tropicais (o Panamá, na América Central) aumentou mais do que nas comunidades de região temperada (a costa leste da América do Norte). Entretanto, ainda existem poucos estudos fornecendo evidências de que esta seria uma explicação suficiente para a maioria dos gradientes latitudinais.

Finalmente, uma série de explicações considera as interações biológicas como fatores importantes para a maior diversificação nos trópicos. Por exemplo, a grande variedade de espécies de plantas nos trópicos suporta uma grande diversidade de herbívoros que, por sua vez, possibilita a existência de uma grande variedade de predadores. Como isso aconteceria? Vamos tentar entender: a maior diversidade da vegetação levaria a um aumento do número de herbívoros ou diretamente pelo aumento do número de espécies com dieta especializada (que se alimentam de apenas uma espécie de planta) ou por criar um ambiente com estrutura mais complexa, fornecendo mais oportunidades a serem exploradas pelos herbívoros.

Existem ótimas evidências a favor dessa hipótese, mas existe também uma pergunta que incomoda: por que a diversidade de plantas é maior nos trópicos? Sim, pois, se você prestou atenção, a explicação se refere à diversidade de animais, principalmente de herbívoros; mas, e as plantas??? Além disso, recentemente foi lançada uma dúvida sobre essa explicação. Note que ela se baseia na suposta grande frequência de insetos herbívoros especializados no consumo de uma única espécie de planta nas florestas tropicais. Porém, um estudo abrangente realizado nas florestas tropicais da Nova Guiné mostrou uma frequência muito baixa de herbívoros especializados. (Novotny, V., Y. Basset, S. E. Miller, G. D. Weiblen, B. Bremer, L. Cizek e P. Drozd. 2002. Low host specificity of herbivorous insects in a tropical forest. *Nature* 416:841-844.) Como essas florestas são muito semelhantes às demais florestas tropicais ao redor do mundo, o mesmo padrão deve se repetir nos demais continentes.

Sugeriu-se ainda que outra interação – a competição – pode ter levado à maior diversidade da vida nos trópicos. Segundo essa hipótese, diferentes espécies competindo entre si promoveriam maior especialização no uso de recursos como os alimentos, por exemplo. Isso permitiria a coexistência de maior número de espécies sem que houvesse sobreposição entre elas. Por exemplo: a competição por néctar poderia levar cada uma das diferentes espécies de abelhas de uma região a se especializar na coleta em determinada espécie de planta. Isso permitiria que várias espécies de abelhas ocorressem nessa região. Atenção aqui! Claro que isso não ocorreria de uma hora para outra! Seria o resultado da seleção natural ao longo do processo evolutivo. Sobre a hipótese em si, infelizmente ainda sabemos muito pouco sobre a importância da competição nos ambientes tropicais para poder avaliá-la...

Uma proposta alternativa – e que vai contra o que foi apresentado no parágrafo anterior – sugere que a predação e o parasitismo sejam fatores de grande importância para a diversificação nos trópicos. Uma maior quantidade de predadores e parasitas nas regiões tropicais faria com que o número de presas e de hospedeiros fosse mantido tão baixo que os recursos (como o alimento, por exemplo) nunca estariam limitados e a competição seria reduzida. Isso permitiria a coexistência de um maior número de espécies em uma dada área. Assim como a hipótese anterior sobre herbivoria, esta também não explica a razão de existirem mais predadores e parasitas nos trópicos: parte do princípio de que eles existem sem considerar o porquê. Além disso, como no caso da competição, ainda conhecemos muito pouco sobre os efeitos de predadores e parasitas tropicais sobre as populações de suas presas e hospedeiros para podermos avaliar essa hipótese.

Para biólogos bem familiarizados com ambientes tropicais, o efeito da predação e da herbivoria nos trópicos é muito evidente. A enorme diversidade de formas de defesa contra predadores e herbívoros encontrada nos ambientes tropicais corrobora essa hipótese. Como exemplo, das 45 formas de defesa utilizadas pelas cobras do mundo todo, três quartos delas foram encontradas nas 65 espécies de serpentes de mata da região de Manaus, Amazonas.

Por fim, outras explicações sugerem que os ambientes tropicais são mais diversos simplesmente porque neles circula mais energia do que nos ambientes de regiões temperadas. E veja bem: não estamos nos referindo à energia esotérica ou qualquer outra manifestação sobrenatural. Falamos da energia física, aquela que entra no sistema biológico pela principal via que existe: a fotossíntese!

Duas explicações correlacionadas referem-se à importância dessa energia para a biodiversidade nos trópicos. Uma delas propõe que a energia limita o número de espécies ao longo da cadeia trófica. Na base das cadeias, a diversidade de vegetais é limitada principalmente pela energia solar e pela disponibilidade de água, ou seja, a combinação água-energia. A diversidade de herbívoros, por sua vez, é limitada pela produção primária das plantas, a diversidade de predadores é limitada pela variedade de herbívoros, e daí por diante, até o topo da cadeia trófica. Segundo essa hipótese, as limitações à diversidade são impostas pela quantidade de energia que flui através da cadeia trófica, ao invés da energia solar total que chega a uma determinada região.

A segunda vertente nos remete ao naturalista alemão Alexander von Humboldt, que já em 1808 chamou a atenção para a maior riqueza de espécies nas regiões tropicais após estudar a fauna, a flora e a geologia do norte da América do Sul. Segundo Humboldt, a diminuição da riqueza de plantas nas maiores latitudes, ou seja, em direção aos polos, deve-se ao fato de que muitas espécies vegetais não suportam o congelamento durante os invernos rigorosos dessas regiões. Esses invernos extremos são consequência direta da diminuição sazonal na energia do ambiente (fornecida pela luz solar), ou seja, muito pouca energia está disponível durante uma época do ano (especialmente o inverno) nas regiões temperadas.

Afinal, quem está com a razão? Trabalhos recentes sobre esse assunto mostraram que a combinação entre a disponibilidade de energia e água no planeta é suficiente para explicar, em grande parte, os gradientes latitudinais de biodiversidade. De fato, uma quantidade significativa de estudos científicos mostrou que a combinação água-energia é crucial para a diversidade nos ambientes terrestres e aquáticos que recobrem a Terra. (Hawkins, B. A., R. Field, H. V. Cornell, D. J. Currie, J.-F. Guégan, D. M. Kaufman, J. T. Kerr, G. G. Mittelbach, T. Oberdorff, E. M. O'Brien, E. E. Porter e J. R. G. Turner. 2003. Energy, water, and broad-scale geographic patterns of species richness. *Ecology* 84:3105-3117.) Medidas que indicam disponibilidade de energia, de água ou combinações destas explicam melhor os gradientes latitudinais do que outras variáveis, climáticas e não climáticas, na grande maioria dos casos estudados. As medidas utilizadas para indicar a disponibilidade de energia, de água ou combinações delas incluíam a produção primária (que depende grandemente da energia solar), a quantidade de chuvas, a temperatura, o *deficit* de água e a evapotranspiração (a soma da água produzida pela transpiração das plantas e pela evaporação da água do solo, que indica a quantidade de água disponível no ambiente).

Tais estudos mostraram também que medidas de disponibilidade de água são ótimas formas de se prever a biodiversidade nas regiões tropicais e subtropicais, bem como nas áreas mais quentes das regiões temperadas. Nas regiões de maior latitude (as partes mais frias das regiões temperadas e as regiões polares) é mais importante a disponibilidade de energia para os animais e uma combinação entre a disponibilidade de energia e de água para as plantas. No caso dos organismos marinhos, como a disponibilidade de água não é um fator limitante, a disponibilidade de energia (e, em consequência, a produção primária) parece ser o fator que melhor explica os gradientes.

Apesar de os próprios autores desses estudos reconhecerem que o clima não é o único fator que influencia na biodiversidade, ele deve ser um fator de grande importância, talvez o mais importante. Além disso, a maioria dos estudos aponta também para a relevância de fatores históricos na determinação dos gradientes, como por exemplo, o tempo decorrido desde a última glaciação.

Ufa! São muitas explicações, não é mesmo? Então, para você recordar: em resumo, das mais de trinta explicações até hoje propostas para os gradientes latitudinais de biodiversidade, algumas esclarecem apenas parte do problema (como as hipóteses que tratam de competição, predação e herbivoria) e por isso são pouco aceitas; outras carecem de evidências adicionais para serem amplamente aceitas (principalmente aquelas relacionadas com taxas de especiação); ao passo que outras tem se tornado cada vez mais aceitas por explicarem grande parte dos gradientes (como a combinação água-energia e os efeitos de glaciações recentes). O fato é: não existe *o fator*, mas provavelmente uma combinação deles. Seguimos na procura...

3 A biodiversidade nos trópicos

Condições ambientais e a distribuição da biodiversidade

O que determina se um organismo consegue ou não viver em certos lugares? Resposta: as condições ambientais nos diferentes *habitats* encontrados na superfície da Terra.

Ah! Tudo seria tão simples se a natureza se comportasse assim, como pergunta de questionário, não é? Acontece que essas condições incluem elementos muito diversificados, como os fatores físicos (clima e relevo), os bióticos (aqueles relacionados com os organismos que vivem nesses *habitats*) e, ainda, as interações (predação, competição, mutualismos e muito mais).

Como já comentamos, um dos fatores mais importantes para a vida é a disponibilidade de água no ambiente. Nos ambientes terrestres, a perda d'água é uma ameaça constante para plantas e animais. Várias são as adaptações surgidas em consequência dos riscos de perda d'água, e quanto maior o risco de desidratação maior a quantidade de energia gasta, energia esta que não estará disponível para outros usos. Não é por acaso que a vida tende a ocorrer em baixa densidade e diversidade em ambientes muito secos como os desertos.

A quantidade de luz solar é outro fator de importância crucial para a vida, especialmente para a produção primária – a assimilação ou acumulação de energia e nutrientes pelas plantas. De maneira geral, os raios solares atingem a superfície da Terra de forma mais perpendicular nas regiões tropicais. Isso torna disponível uma maior quantidade de energia.

A temperatura e a disponibilidade de água e de energia interagem de maneira complexa com vários outros fatores, como geologia, solos e relevo, criando uma enorme diversidade de ambientes na superfície da Terra. Com base em dados obtidos a partir de imagens de satélite, sabe-se que a vegetação terrestre – e, portanto, grande parte da produção primária que sustenta a vida na Terra – é fortemente favorecida em locais com grande disponibilidade de água no solo associada com temperaturas relativamente altas durante o ano todo. Opa! Você conhece um país assim, não? Tente descobrir a qual estamos nos referindo...

A vegetação dessas regiões quentes e úmidas geralmente apresenta uma fisionomia florestal. Por outro lado, em regiões nas quais a água no solo é limitada e/ou as temperaturas são muito baixas, a vegetação tende a ser dominada por capins e outras plantas de pequeno porte, herbáceas e arbustivas. Em situações extremas de baixas temperaturas, como nas regiões polares e nas de grande altitude, embora a água no solo possa estar disponível em grande quantidade, ela permanece congelada durante a maior parte do ano, impedindo o crescimento da vegetação.

Algumas áreas, porém, com grande disponibilidade de água e temperaturas relativamente altas não são cobertas por florestas, como seria esperado. Nestes casos, a vegetação é limitada por fatores diversos, como baixa disponibilidade de nutrientes, toxicidade dos solos, relevo impróprio e ausência de oxigênio no solo.

As diversas possibilidades de combinações desses fatores ambientais acabam resultando na enorme variedade de tipos de ambientes encontrados na superfície da Terra. É de se esperar que a biodiversidade acompanhe tais variações. De fato, de maneira geral, a biodiversidade é maior em regiões mais quentes, mais úmidas, onde há mais energia solar disponível, onde o relevo é mais heterogêneo (montanhoso, por exemplo) e onde ocorre menor sazonalidade climática. Veremos em seguida que os ambientes tropicais, que geralmente reúnem uma série dessas características, abrigam uma enorme biodiversidade.

Biodiversidade nos ecossistemas tropicais terrestres

Cerca de um quarto da superfície da Terra é coberto pelos continentes. Parece pouco, não é? Mas é justamente esse um quarto que nos abriga (sem trocadilhos!) e abriga todos os ecossistemas terrestres. Um terço dessas terras emersas encontra-se entre os trópicos de Câncer e de Capricórnio. Há poucas características comuns a todos os ecossistemas tropicais, porém uma delas é a grande quantidade de insolação que atinge a superfície, em comparação com ecossistemas encontrados em latitudes maiores. Outros fatores, como a quantidade de chuvas, a qualidade do solo e o relevo, variam grandemente ao longo dos trópicos. Basta lembrar que não apenas as florestas mais úmidas e exuberantes do planeta estão na faixa intertropical: uma parte considerável do deserto do Saara e toda a Caatinga brasileira também encontram-se entre os trópicos. Só isso já é suficiente para esperarmos uma grande variação de biodiversidade nos trópicos, e não somente aquela observada ao longo das latitudes, como vimos no capítulo anterior.

Nas áreas tropicais de baixa altitude, com temperaturas altas e grande quantidade de chuvas, a vegetação consiste principalmente de florestas latifoliadas, ou seja, cujas árvores possuem folhas largas – uma forma de aumentar a eficiência na captação da pouca luz solar que chega ao interior dessas florestas. Essas florestas tropicais cobrem cerca de 14 milhões de km^2, o que representa mais de uma vez e meia o tamanho do Brasil. Mas nem todas essas florestas tropicais são úmidas como a Amazônia e a Mata Atlântica. Cerca de 2,5 milhões de km^2 representam florestas sob clima marcadamente sazonal, cujas árvores perdem praticamente todas as folhas durante a estação seca. No Brasil, é o caso das florestas decíduas – cujas árvores perdem as folhas na estação seca – encontradas no interior do nordeste, entre a caatinga e o cerrado.

Embora pareça pouco lógico, grande parte das florestas tropicais mais exuberantes encontra-se sobre solos pobres, como por exemplo os solos arenosos da bacia do Rio Negro, na Amazônia brasileira. Então, como é possível que essas florestas existam aí? O que torna isso possível é a capacidade de tais florestas reciclarem os nutrientes por meio da decomposição da serapilheira – camada formada por folhas e galhos caídos acumuladas no chão da mata.

Pois justamente essas florestas tropicais constituem os ecossistemas mais biodiversos do planeta. Cerca de metade delas encontra-se da América do Sul. Só o Brasil possui cerca de quatro milhões de km^2 de florestas tropicais (esse é o tamanho de nossa responsabilidade!). Um quarto das florestas tropicais encontra-se na África e o quarto restante na Ásia e na Oceania. Embora cubram apenas 8% da superfície da Terra, calcula-se que as florestas tropicais abriguem mais de 90% da biodiversidade do planeta! Só para você ter uma ideia, mais da metade das angiospermas – plantas com flores – ocorre nas florestas tropicais. É comum a ocorrência de mais de mais de duzentas espécies de árvores em uma área de apenas um hectare (um quadrado de cem metros de lado) de floresta na Amazônia ou na Mata Atlântica. No sudeste asiático, a diversidade de árvores é um pouco menor do que nas florestas do Novo Mundo e na África ela é ainda menor. A diversidade de cipós e epífitas – as plantas que vivem sobre outras plantas – também é altíssima nas florestas tropicais ao redor do mundo, mas em especial nas sul-americanas.

E os animais? De forma semelhante às plantas, mais da metade da diversidade de animais terrestres encontra-se nas florestas tropicais. Um exemplo disso são as florestas tropicais da região central da África: embora cubram menos de 10% do continente, abrigam 70% das espécies de aves e 80% das espécies de macacos africanos. De forma semelhante, mais de trezentas espécies de mamíferos ocorrem na Amazônia. A Mata Atlântica abriga cerca de vinte mil espécies de plantas, oito mil das quais são endêmicas, – só ocorrem nessas matas – e cerca de 1.800 vertebrados terrestres (mais de quinhentos endêmicos). A enorme biodiversidade encontrada na Mata Atlântica, associada com a intensa devastação a que está sujeita, fez com que ela fosse considerada por conservacionistas como um *hotspot*. Não, você não tem obrigação de saber o que é isso... *hotspot*, em tradução literal, significa "ponto quente". Em *biologuês*, corresponde a um ecossistema com grande biodiversidade e sob alta pressão de ocupação pelo ser humano.

Mas atenção: nem todos os ecossistemas florestais encontrados nos trópicos são tão biodiversos! Os manguezais, por exemplo, são relativamente pobres, por apresentarem fatores estressantes como as inundações e as variações de salinidade decorrentes do ciclo de marés. Florestas sobre solos extremamente arenosos – como as campinas da Amazônia, que lembram a vegetação de restinga do litoral – também tendem a apresentar menor biodiversidade, sobretudo de plantas arbóreas. O mesmo acontece em regiões com maiores altitudes e clima mais sazonal.

Ao lado das florestas, as savanas tropicais também são ambientes com grande biodiversidade. As savanas são caracterizadas pelo solo coberto por diferentes tipos de capins e incluem vários tipos de vegetação, entre eles os campos abertos, campos com árvores e matas com aspecto de florestas abertas, ou seja, menos densas. Boa parte da biomassa vegetal das savanas encontra-se dentro do solo. As savanas tropicais incluem os lhanos da bacia do Orinoco na Venezuela e na Colômbia, o cerrado do Brasil central e parte das savanas da África (uma parte delas ocorre em regiões ao sul do trópico de Capricórnio). As savanas africanas abrigam flora e fauna bastante características. Quer ver como você já sabia disso? Zebras, por exemplo, são típicas dessas savanas. Uma das características mais marcantes das savanas da África é a ocorrência de mais de setenta espécies de ungulados herbívoros – os mamíferos com casco – que vivem em grandes bandos. Esses grandes herbívoros estão ausentes das savanas da América do Sul.

Por sua vez, as savanas sul-americanas também abrigam uma grande biodiversidade. Parte considerável da biodiversidade brasileira encontra-se no cerrado que cobre um quarto do território do país. Estima-se que ocorram aí mais de dez mil espécies de plantas (44% delas endêmicas) e quase 1.300 espécies de vertebrados terrestres (mais de cem deles endêmicos). Este é um dos motivos para o cerrado brasileiro ter sido recentemente apontado por conservacionistas também como um *hotspot* (agora você já sabe o que esse termo significa!).

Embora em geral possuam menor biodiversidade do que as florestas e savanas, outros ecossistemas tropicais contribuem com uma parte importante da biodiversidade mundial. Na caatinga, por exemplo, ocorrem quase mil espécies de plantas (cerca de 40% delas endêmicas, ou restritas à caatinga) e 650 espécies de vertebrados terrestres.

Agora, pausa para um comentário muito importante. Você já notou que, quando se ouve falar ou se fala em biodiversidade, quase sempre a referência é feita para ambientes terrestres? É muito raro que se ouçam comentários sobre a biodiversidade na água. Mais do que raro, é uma injustiça, pois, afinal, foi lá que a história da vida começou, não foi? Então, convidamos você agora para um mergulho!

Biodiversidade nos ecossistemas tropicais de água doce

Você sabia que os rios e lagos do planeta contêm apenas 0,3% de toda a água doce da Terra? Achou muito pouco? Saiba, porém, que esses rios e lagos abrigam praticamente toda a biodiversidade de água doce!

Existem grandes variações na quantidade e distribuição dessa água doce nas diferentes regiões do planeta. Nos trópicos, por exemplo, existe duas vezes mais água na atmosfera do que nas regiões temperadas. Os tipos predominantes de corpos d'água também variam: a América do Sul é caracterizada por muitos grandes rios, enquanto grandes lagos são típicos da África. Outra peculiaridade: as características físicas e químicas dos corpos d'água continentais são muito mais variáveis do que aquelas encontradas nos oceanos.

Embora ocupem uma superfície extremamente pequena (1,5 milhões de km^2), as águas doces abrigam uma fauna extremamente variada. Grande parte dessa biodiversidade concentra-se nos rios e lagos tropicais. Por exemplo, quase um terço de todas as espécies de peixe de água doce do mundo estão nos rios da Amazônia! Pode acreditar: isso é muito peixe! O lago Malaví, na África, abriga mais de seiscentas espécies de peixes – a maioria delas da família do acará, e praticamente todas endêmicas – ou seja, só ocorrem nesse lago. Essa grande diversidade encontrada em rios e lagos é, sem dúvida, o resultado do isolamento das faunas nesses ambientes. Não é difícil compreender que cada lago esteja isolado dos demais lagos, favorecendo a especiação. Com os rios acontece o mesmo pois, embora alguns estejam interligados, a comunicação entre muitos deles é pequena. Pense, por exemplo, num riacho que nasce na Serra do Mar, em nosso litoral sudeste, e desemboque apenas alguns quilômetros adiante, já no mar.

E as plantas? Uma diversidade razoável de espécies vegetais ocorre nos rios e lagos do mundo, incluindo algas de vários tipos e cerca de 1% das angiospermas. Em termos comparativos, grande parte dessa diversidade encontra-se nos rios e lagos tropicais.

Porém, se agora formos comparar os animais com as plantas, veremos que, nos rios e lagos tropicais, os animais são mais diversos. Além dos peixes, citados anteriormente, esses corpos d'água tropicais abrigam uma grande diversidade de invertebrados, como crustáceos, insetos, esponjas e moluscos. Em geral, a fauna de invertebrados de água doce ainda é pouco conhecida nos países tropicais. No Brasil, por exemplo, embora já tenham sido catalogadas mais de três mil espécies de invertebrados que vivem na água, estima-se que existam pelo menos mais oito mil espécies para serem descobertas.

Entre os vertebrados terrestres, os anfíbios são certamente os que mais dependem dos corpos de água doce, pois a grande maioria das espécies ainda apresenta uma fase de larva na água. Mais de dois terços das seis mil espécies de anfíbios já catalogadas estão nas regiões tropicais e a grande maioria dessas espécies utiliza poças, lagos, riachos e rios para o desenvolvimento de suas larvas. Para os demais grupos, a diversidade nas áreas tropicais não é muito diferente daquela encontrada em regiões temperadas.

Agora uma curiosidade: você sabe por que as angiospermas, um grupo tão dominante entre os vegetais, possuem apenas 1% de suas espécies em água doce? Porque é um grupo recente, em termos de tempo de evolução. Como esse grupo se diversificou no ambiente terrestre (isso nós já contamos para você, lembra?), os representantes aquáticos que hoje vemos representam um "retorno" à água. Por isso, no capítulo do livro da evolução que escrevemos nos dias de hoje, estamos ainda presenciando esse retorno!

Biodiversidade nos ecossistemas tropicais marinhos

É impossível falarmos de ambientes aquáticos sem citar o mar... Então, vamos a ele!

Dois terços da superfície da Terra são cobertos pelos oceanos. Em volume, os mares ocupam mais de 1 bilhão de km^3, com profundidades de até mais de 11 mil metros. A diversidade no nível dos filos – os grandes grupos de organismos – é muito mais alta nos mares do que nos continentes, em grande parte por razões históricas: a vida animal surgiu, diversificou-se e esteve restrita ao mar por um longo período, antes que representantes de alguns poucos filos invadissem os ambientes terrestres e de água doce. Três quartos de todos os filos de plantas, animais e micro-organismos ocorrem nos oceanos. No caso dos animais, metade dos filos conhecidos (37) ocorre somente nos mares. Há, no entanto, uma aparente contradição: se a diversidade dos filos é grande, a diversidade de espécies, por sua vez, é muito menor no mar. Apenas um sétimo de todas as espécies já catalogadas ocorre nos oceanos! A causa disso talvez seja a relativa homogeneidade do ambiente marinho, em comparação com ambientes terrestres e de água doce.

A luz solar nos oceanos está restrita às camadas mais superficiais e somente aí os vegetais conseguem realizar a fotossíntese. A espessura dessas camadas depende da transparência das águas e pode variar de poucos metros a algumas centenas deles. Já deu para entender, portanto, que, salvo raras exceções, a produção primária está concentrada somente nos primeiros metros da coluna d'água em todos os oceanos da Terra. E, lembre-se, praticamente toda a vida nos oceanos depende dessa produção primária da superfície. Isso inclui aqueles organismos que vivem em grandes profundidades!

Porém, como tudo na vida, há exceções... Exceções, aqui, são os micro-organismos que vivem dos sulfetos expelidos por fumarolas submarinas e que sustentam uma fauna relativamente diversificada de outros organismos, incluindo crustáceos e moluscos.

A essa altura, você deve estar indignado conosco, não é? Sim, nós sabemos: a produção primária não depende apenas de luz. Nutrientes minerais também são essenciais. Em contraste com algumas regiões temperadas, nas quais minerais do fundo do oceano são trazidos para a superfície, nas regiões tropicais existe muito pouca circulação vertical de nutrientes. Assim, nos mares tropicais, grande parte da produção primária está restrita às plataformas continentais – as extensas áreas de menor profundidade encontradas ao longo das costas dos continentes.

Uma diferença marcante entre os oceanos e os ambientes terrestres reside no fato de que, no mar, boa parte da produção primária está sob a responsabilidade de vegetais microscópicos. Essa realidade contrasta com os ambientes terrestres porque, neles, a produção é realizada principalmente por vegetais macroscópicos – visíveis a olho nu.

Até poucas décadas atrás, acreditava-se que o fitoplâncton – organismos fotossintetizantes unicelulares medindo de um a cem mícrons (um mícron corresponde a um milionésimo de um metro, ou um milésimo de milímetro) – era responsável por praticamente toda a produção primária. Descobertas recentes mostraram que grande parte da produção primária dos oceanos é realizada pelo picoplâncton, microalgas e protistas com tamanho entre 0,2 e 2,0 mícrons. Entre os componentes do picoplâncton existe uma cianobactéria que é o menor organismo fotossintetizante conhecido e, ao mesmo tempo, o organismo mais abundante nos oceanos. Como você vê (ou, nesse caso do picoplâncton: como você *não* vê...) existe ainda muita coisa a ser descoberta. Aguarde as próximas novidades! Ou então, o que é melhor: venha participar delas!

Na maioria dos grupos de organismos bem estudados, a diversidade é maior nos trópicos do que nas regiões de maior latitude, como discutido no capítulo anterior. Exceções são os pinguins, as focas e algumas aves marinhas, para as quais a maior diversidade ocorre nas regiões temperadas e polares. Mas atenção: isso só vale para alguns grupos! Os recifes de coral, por exemplo, são ecossistemas com enorme diversidade e, em grande parte, restritos às regiões tropicais dos oceanos. As maiores extensões de recifes de coral ocorrem nos oceanos Pacífico e Índico, embora grandes áreas também ocorram no Atlântico, especialmente no mar do Caribe. Apenas na região formada pelas Filipinas, Sumatra e Nova Guiné, ocorrem quase três mil espécies de peixes costeiros, quase um quarto de todos os peixes marinhos conhecidos, grande parte deles nos recifes de coral da região. Quase um terço da fauna brasileira de peixes marinhos – que totaliza cerca de mil espécies – está associada a recifes de coral.

Outros ambientes praticamente restritos às regiões tropicais são os manguezais. Eles apresentam maior diversidade especialmente no oceano Índico e na porção oeste do Pacífico. Calcula-se que os manguezais cubram quase 200 mil km^2 da superfície da Terra. Mais de 40% estão concentrados em quatro países: Indonésia, Brasil, Austrália e Nigéria. Além de sustentar sua própria biodiversidade, os manguezais são ecossistemas importantes por assegurar a perpetuação de parte da biodiversidade marinha. Pelo fato de serem altamente produtivos, populações de diversos camarões, caranguejos e peixes dependem desses ambientes como local de desova e de desenvolvimento de estágios imaturos de seus ciclos de vida (larvas e jovens). Portanto, aquela história que você já deve ter ouvido de os manguezais serem os "berçários" dos oceanos tem uma boa dose de exagero, mas, também, o seu fundo de verdade...

Os países "megadiversos"

Bem, agora chegou o momento de juntarmos tudo isso – diversidade na terra e diversidade na água – e delimitarmos fronteiras. É claro – sabemos disso! – que um animal, um microrganismo ou uma planta não estão sujeitos às nossas fronteiras políticas. O fato de estar em solo brasileiro ou colombiano ou argentino traz pouca ou nenhuma influência para esse organismo. Mas também é fato que o mundo, tal como o conhecemos, encontra-se dividido por essas fronteiras e, nesse caso, é muito importante saber onde está e quem detém a maior biodiversidade. Afinal, quanto maior ela for, maior a responsabilidade!

Na década de 1990, um grupo de conservacionistas chamou a atenção do mundo para o fato de que menos de um décimo de todos os países do mundo abrigavam cerca de dois terços da biodiversidade da Terra. Foram, então, chamados "países megadiversos". Grande parte desses 17 países possui pelo menos alguma área de seu território na região tropical, como é possível notar no Mapa 2. Cinco países sul-americanos foram incluídos na lista, todos com área significativa do

BIODIVERSIDADE TROPICAL

MAPA 2. PAÍSES MEGADIVERSOS

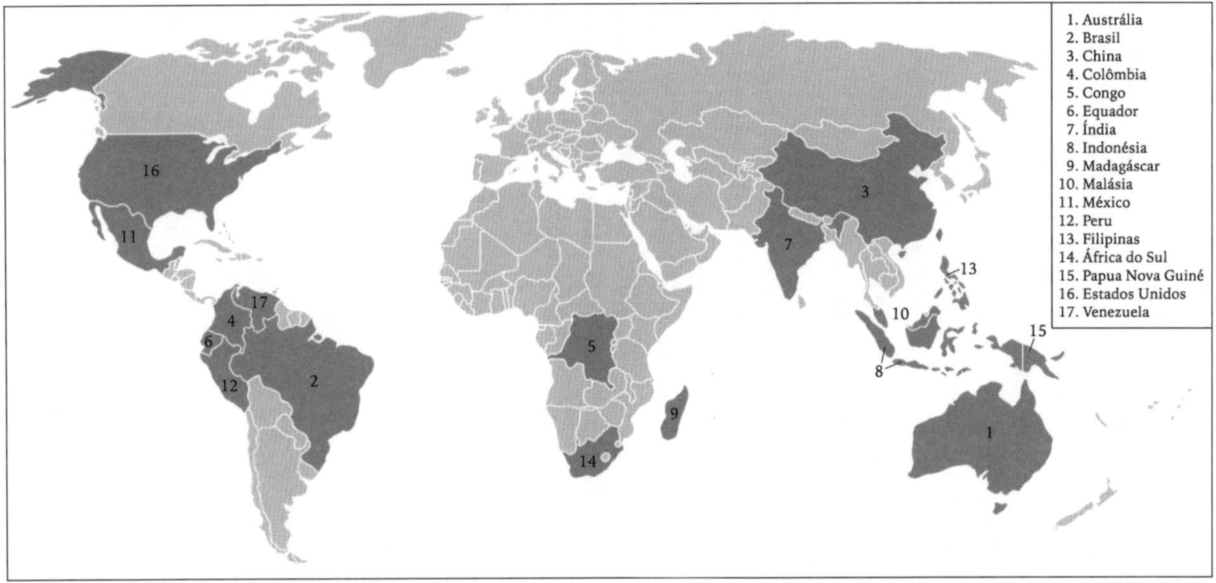

1. Austrália
2. Brasil
3. China
4. Colômbia
5. Congo
6. Equador
7. Índia
8. Indonésia
9. Madagáscar
10. Malásia
11. México
12. Peru
13. Filipinas
14. África do Sul
15. Papua Nova Guiné
16. Estados Unidos
17. Venezuela

FONTE: MITTERMEIER, R. A., P. ROBLES-GIL, C. G. MITTERMEIER. (EDS.), 1997. *MEGADIVERSITY: EARTH'S BIOLOGICALLY WEALTHIEST NATIONS*. MONTEREY, MEXICO, CEMEX.

território localizado na região amazônica: Brasil, Colômbia, Venezuela, Equador e Peru. O sudeste asiático e a Oceania contribuíram com a outra maior parte dos países restantes. Certos países, como os Estados Unidos, foram incluídos principalmente pela sua enorme extensão, que implica grande diversidade de *habitats* e, portanto, de biodiversidade. Assim também, a enorme superfície do Brasil contribuiu para sua inclusão. Outros países, no entanto, foram incluídos por possuir enorme biodiversidade em uma área muito pequena, como o Equador e as Filipinas, ambos com cerca de trezentos mil km^2 (menos de um vigésimo da área do Brasil!).

Embora ajude a chamar a atenção para a necessidade de conservar a biodiversidade nesses locais, a inclusão de países na lista foi baseada principalmente na diversidade de plantas e vertebrados terrestres. Ou seja, todos os invertebrados, os vertebrados aquáticos e os micro-organismos deixaram de ser considerados. No entanto, em geral países com grande diversidade de plantas e vertebrados terrestres tendem a ter alta diversidade também dos outros grupos de organismos.

É nesse contexto que está o Brasil, que estamos nós. Volte seu olhar agora para esse enorme país-continente que, em geral, nos mapas e globos do mundo todo, aparece pintado de verde!

4 Biodiversidade no Brasil

O Brasil é em um país tropical de dimensões continentais (afinal, são mais de oito milhões de km²!) e com uma enorme diversidade de biomas – Mata Atlântica e Mata Amazônica, Cerrado, Caatinga, Pantanal, só para citar alguns... A maior parte do território é coberta por biomas altamente produtivos (especialmente as florestas tropicais e os cerrados arbóreos) que, portanto, abrigam alta riqueza de espécies. Por esses motivos, o Brasil é o país com a maior riqueza de espécies do planeta. Agora, vamos apresentar, para os principais grupos de organismos, uma estimativa dessa riqueza.

Antes, porém, mais uma pergunta: você tem ideia de como essas estimativas são geradas?! Se não tem, então vamos lhe explicar. Tudo pronto?

Existe certa proporção de espécies em todos os grupos de organismos que ainda é desconhecida pela ciência, ou seja, ainda não foi formalmente descrita na literatura científica. Ei, não reclame! Vamos traduzir isso... As coisas funcionam assim: quando um especialista (que é o cientista que se especializou no estudo de um determinado grupo de organismos) depara-se com uma espécie nova, ou seja, com uma população de indivíduos diferentes de tudo aquilo que ele já viu, então ele deve descrever essa espécie. Descrever significa explicar com detalhes como é essa nova população: suas características morfológicas, biológicas, comportamentais. Isso é feito em revistas científicas especializadas. Entendeu?

É como se cada nova espécie descoberta tivesse que ter sua "certidão de nascimento"...

Bem, vamos retomar nossa conversa inicial... Há espécies que ainda não são conhecidas pela ciência. Até mamíferos de grande porte ainda têm sido descobertos: no início da década de 1990, uma nova espécie de boi selvagem foi descoberta no Vietnam! (Dung, V. V., P. M. Giao, N. N. Chinh, D. Tuoc, P. Arctander e J. MacKinnon. 1993. A new species of living bovid from Vietnam. *Nature* 363: 443-445.) Se tomarmos a porcentagem de espécies novas descritas para um determinado grupo de organismos e compararmos com a proporção de espécies desses mesmos organismos que já são conhecidas, é possível estimar o número total de espécies desse grupo. Vamos lhe dar um exemplo fictício: se a porcentagem de espécies não descritas de um grupo de vertebrados em inventários na Amazônia brasileira é de 20%, e já são conhecidas cerca de duzentas espécies desse grupo na região, podemos estimar em 240 o número total de espécies que realmente ocorrem na Amazônia brasileira.

Porém, para vários grupos de organismos, o conhecimento acumulado sobre sua diversidade no Brasil é ainda tão limitado que se torna difícil estimar o quanto ainda resta para conhecer. Esse é o caso de alguns grupos de algas, fungos e insetos. Pergunta que você deveria nos fazer: mas, por que conhecemos tão pouco sobre esses grupos? Resposta que lhe daríamos: existe, infelizmente, uma tendência a melhor conhecermos os organismos maiores, como as árvores e os mamíferos. Vários problemas estão por trás desse fato. Um deles é numérico: a quantidade de cientistas especialistas naqueles grupos é muito pequena quando comparada, por exemplo, com o número de especialistas em aves. Em outras palavras: as aves atraem mais as pessoas, inclusive os cientistas, do que os fungos...

Vamos agora retornar à questão do início do capítulo: quantas espécies existem no Brasil?

Em um esforço recente para sintetizar o conhecimento da nossa biodiversidade, foi estimado que, para o território brasileiro, já são conhecidas cerca de duzentas mil espécies de animais, plantas e microorganismos. (Lewinsohn, T. M. e P. I. Prado. 2002. *Biodiversidade Brasileira: Síntese do Estado Atual do Conhecimento*. Editora Contexto, São Paulo.) Isso representa cerca de 14% de todas as espécies descritas para o mundo! Foi também estimado que nosso conhecimento sobre a biodiversidade brasileira deve estar restrito a 10% do que realmente existe, o que resultaria num total de cerca de dois milhões de espécies. Mais: algumas estimativas do número de insetos que podem existir no Brasil, se estiverem corretas, indicam a possibilidade de haver mais de dez milhões de espécies no país!

Se tomarmos por base a quantidade de descrições de novas espécies de organismos brasileiros publicadas a cada ano na literatura científica e a compararmos com a quantidade de especialistas formados anualmente, aptos para esse trabalho, veremos que seriam necessários vários séculos de trabalho árduo para que toda a biodiversidade brasileira fosse totalmente conhecida!

Bem, e já que falamos do muito que falta por conhecer, vamos contar um pouco do outro muito que já é conhecido... A seguir, serão apresentadas informações sobre a biodiversidade de alguns grupos de organismos no Brasil, como forma de exemplificar a enorme biodiversidade encontrada em nosso país.

Diversidade de microrganismos

Estima-se que, no máximo, apenas 1% dos microorganismos existentes no mundo seja conhecido pela ciência. Esse quadro não é diferente no Brasil. Existem cerca de dez mil espécies de bactérias conhecidas no mundo, sendo que mais de trezentas já foram encontradas no Brasil. As estimativas do total de espécies de bactérias que existem no mundo variam enormemente, de quarenta mil a 3,5 milhões de espécies. Dá para desconfiar por que, não?!

Quanto aos fungos filamentosos e leveduras, estima-se entre quatro e cinco mil o número de espécies no Brasil, ou pouco menos de 10% da diversidade mundial para esses grupos. Para os protozoários, são conhecidas cerca de três mil espécies, o que representa pouco menos de 10% da diversidade mundial. Embora apenas trinta mil protozoários sejam conhecidos no mundo, estima-se que existam seiscentas mil espécies desse grupo.

E os vírus? São conhecidos entre 250 e 400 tipos no Brasil, ou cerca de 5% das espécies do mundo. Estima-se que existam quinhentos mil "tipos" de vírus no mundo. Nesse caso, há uma complicação a mais: fica muito difícil falar em "espécies" para os vírus. Falamos mais em "linhagens" ou seja, cada tipo de vírus e seus tipos mutantes, já que esse é o grupo campeão em taxa de mutações!

Diversidade de plantas

O conhecimento sobre as plantas tem aumentado dia após dia. Estudos mais recentes incluem desde o conhecimento da morfologia até aspectos moleculares, como compostos químicos e análise do DNA dos vegetais. Isso possibilita saber mais e mais sobre a evolução das plantas. Sabe qual o resultado de tudo isso? Os cientistas têm descoberto que plantas antigamente reunidas em um mesmo grupo, nem sempre possuem algum grau de parentesco entre elas. Assim, algumas conhecidas nossas, como as briófitas (musgos), pteridófitas (samambaias e afins), gimnospermas (plantas com sementes, mas sem frutos, como os pinheiros) e angiospermas (plantas com flores e frutos), estão sendo divididas em vários outros subgrupos de maneira a refletir melhor sua história evolutiva. A ideia é que, num mesmo grupo, permaneçam apenas as plantas que tenham se originado de um ancestral comum, ou seja, com algum parentesco entre si. Nesse contexto, as plantas antes conhecidas como briófitas, por exemplo, hoje são incluídas em três filos (ou divisões) diferentes.

As análises de sequenciamento do genoma vegetal mostram, no entanto, que falta muito a conhecer e que certamente novos grupos serão propostos para que possamos, enfim, ter uma classificação que se aproxime mais da história evolutiva de cada grupo. Por conta disso, neste livro, optamos por considerar os grandes grupos tais como eles são divididos e mais conhecidos tradicionalmente, até que seja proposta uma classificação mais definitiva. Assim evitamos qualquer confusão, combinado? É importante, porém, que você seja avisado de que, com relação às plantas, muita mudança ainda vem pela frente. Portanto, mantenha-se informado!

Comecemos pela diversidade de algas. O termo *algas* é um exemplo prático do que acabamos de referir sobre diversidade de grupos. Sob esse nome são reunidos vários organismos completamente distintos que têm como característica comum o fato de serem predominantemente aquáticos e não possuírem tecidos especializados para condução de água.

Torna-se, então, muito difícil abordar a diversidade de grupos tão distintos que reúnem desde organismos unicelulares até aqueles que formam verdadeiras "florestas" submersas de plantas pluricelulares e com tecidos mais organizados.

Para se ter uma ideia dessa dificuldade, ainda não existe, para o Brasil, um levantamento que indique com precisão o número de espécies de algas de água doce que temos, por exemplo. Uma listagem feita em São Paulo revelou cerca de 2.200 espécies de algas de água doce naquele estado. Contudo, é bom lembrar que em São Paulo está concentrada a maioria dos pesquisadores que estudam tais grupos. Logo, é de se esperar que aí tenhamos dados mais precisos. Certamente o desconhecimento de números mais precisos relativos a outras partes do Brasil é reflexo da falta de especialistas em algas de água doce nesses locais. Não quer se aventurar a ser mais um deles?

Com relação às algas marinhas, estudos mais recentes referem cerca de oitocentas espécies em nosso litoral. Os estados com maior riqueza em algas são o Rio de Janeiro, São Paulo, Espírito Santo e Ceará. Aqui também temos que analisar os números com cuidado. Os primeiros estudos com algas marinhas no Brasil foram iniciados na região Sudeste e não é por acaso que temos muito mais informações e números sobre algas nos estados dessa região.

Isso tudo permite que a gente tire uma importante conclusão: a Ciência é feita por pessoas e é gerada dentro de um contexto social, histórico e, inclusive, geográfico. Os dados que ela apresenta devem, portanto, ser interpretados no contexto em que foram gerados, nunca de maneira absoluta!

Vejamos agora a diversidade de briófitas. Essas plantas são geralmente tratadas em três grupos diferentes: os antóceros, as hepáticas e os musgos. São vegetais de pequeno tamanho e que não possuem um tecido condutor de água eficiente. Em geral, são estudadas como o primeiro representante das plantas na conquista do ambiente terrestre, o que o torna um grupo muito interessante nos estudos sobre evolução dos vegetais. Sabe o que isso quer dizer? Significa que os ancestrais de todas as plantas terrestres talvez tenham sido muito semelhantes aos atuais antóceros e hepáticas...

Existem muito poucas pessoas estudando esses grupos no Brasil e, como consequência, o conhecimento que se tem sobre eles é pequeno. Estima-se que nosso país detenha 22% da diversidade de briófitas do planeta. São pouco mais de 1.100 espécies de hepáticas (cerca de 20% do total de espécies no mundo), cerca de 1.900 espécies de musgos (também cerca de 20% do total conhecido) e 36 espécies de antóceros (próximo de 50% das espécies do planeta). Em se tratando dos musgos, considera-se que esse número (1.900 espécies) esteja subestimado, já que poucos estudiosos se dedicaram a conhecer esse grupo no Brasil.

E como será a diversidade de pteridófitas? Esse nome é dado ao agrupamento artificial de dois filos (ou divisões) distintos: Lycophyta e Monilophyta. Difíceis? Desses, as Monilophyta, que incluem as samambaias e avencas, são as mais conhecidas em geral. Embora as Lycophyta e as Monilophyta não constituam uma linhagem de plantas com origem comum, aqui vamos tratar das pteridófitas como um todo, incluindo as duas divisões. Isso porque na maioria dos livros didáticos e dos artigos de divulgação científica, esse grupo informal aparece assim denominado. No entanto, é importante você saber que, evolutivamente, trata-se de duas linhagens distintas.

Estima-se que o Brasil possua entre 10% e 12% da diversidade mundial de pteridófitas, o que equivale a cerca de 1.200 a 1.400 espécies em nosso país. Esse número, contudo, deve aumentar, pois hoje o número de pesquisadores desse grupo não chega a duas dezenas e, portanto, falta muito a conhecer. Os estados em que se têm dados mais concretos são o Rio Grande do Sul, Santa Catarina e São Paulo, o que faz com que a maior diversidade conhecida hoje se concentre nas regiões Sul e Sudeste do país.

Vejamos então a diversidade das gimnospermas. Esse é o menor grupo de plantas viventes e, assim como os grupos que as precederam nesse capítulo, também constituem um agrupamento informal dividido em quatro outros grupos. Porém, no caso das gimnospermas, já se encontra muito bem estabelecido que cada um desses subgrupos provém de uma linhagem evolutiva diferente e que, portanto, deve mesmo ser considerado em separado. Dessa forma, temos o grupo das cicas, o dos gnetos, o do ginko e o das coníferas (pinheiros).

O grupo do gingko possui uma única espécie (*Gingko biloba*), considerada "fóssil vivo". Não, certamente você não sabe o que queremos dizer com isso, e nem tem obrigação de saber! Acontece que essa espécie é tão antiga, mas tão antiga, que todos os seus parentes já foram extintos e ela é a última representante de uma linhagem em extinção. Originária da Ásia, ela só foi preservada porque era mantida em cultivo em milenares mosteiros budistas. Entendeu agora nossa expressão "fóssil vivo"? Diante dessa história, não é de se espantar que não haja representantes desse grupo em nossa flora, não é?

O grupo das cicas também quase não ocorre por aqui. Ele é mais diversificado na África e na América Central sendo que, das 120 espécies conhecidas, apenas duas ocorrem no Brasil.

Entre os gnetos, plantas mais comuns em áreas de matas pluviais tropicais, temos nove das setenta espécies conhecidas: uma delas ocorre nos campos do sul do país e as demais, na região amazônica. Você nem vai acreditar, mas os gnetos são gimnospermas querendo ser angiospermas! Explicamos: suas folhas são muito parecidas às das angiospermas e muitos de seus tecidos também. Mas a grande novidade está nas estruturas reprodutivas, que lembram muito uma flor reduzida! Inclusive, é considerado o grupo mais próximo às angiospermas em termos de parentesco.

Com relação às coníferas (que incluem os abetos do hemisfério norte e os pinheiros), o Brasil possui apenas cinco das cerca de 610 espécies conhecidas. Aliás, as gimnospermas são dos únicos grupos de organismos nos quais o Brasil não consta entre os de maior diversidade. Isso porque, nesse grupo, predominam as coníferas, cuja maior diversidade se dá em climas temperados. Vale lembrar, contudo, que é desse grupo um de nossos representantes mais ilustres, a araucária, também conhecida como pinheiro-do-paraná. Plantas dessa espécie chegavam a formar extensas florestas no sul do país, hoje quase todas dizimadas pela exploração de madeira.

Outro dado interessante: não existe, no país, um especialista em gimnospermas: todos os dados que temos provêm de pesquisas feitas por especialistas de outros países.

Finalmente, chegamos às flores e frutos! As angiospermas correspondem ao grupo de maior riqueza e diversidade no globo. Todas as plantas com sementes protegidas por um fruto que é originado de um ovário desenvolvido fazem parte desse grupo. É importante lembrar que praticamente toda a alimentação humana provém direta ou indiretamente dessas plantas que são, também, as mais dominantes entre os vegetais de planeta.

São as angiospermas que compõem os grandes biomas da Terra. No caso do Brasil, a fisionomia e a caracterização do Cerrado, da Caatinga, da Mata Atlântica, dos Campos Sulinos e de todas as outras formações são condicionadas pelas espécies de angiospermas aí presentes. Sobretudo Mata Atlântica, Mata Amazônica e Cerrado são o biomas que concentram o maior número de espécies.

Existem cerca de 220 mil espécies de angiospermas contabilizadas para o mundo e o Brasil é o país com a maior diversidade dessas plantas. As estimativas mais conservadoras apontam cerca de 35 mil espécies em nosso país e as mais otimistas, cerca de sessenta mil. Os pesquisadores de nossa flora aceitam, como mais próximo da realidade, um número estimando de 45 mil a 50 mil espécies no Brasil. Isso equivale a dizer que detemos cerca de um quinto de toda a diversidade de angiospermas do planeta!

Mais do que motivo de orgulho, no entanto, tal realidade deve ser sinônimo de responsabilidade de nossa parte. O conhecimento e a preservação de nossa flora deve ser motivo de preocupação de todo brasileiro e não apenas daqueles que se dedicam a estudar a vegetação. Mesmo porque, o número de pesquisadores em botânica é ainda insuficiente! Pelo tamanho de sua flora, o Brasil deveria concentrar cerca de um quinto dos botânicos do mundo. Mas nossa realidade está muito longe disso. Estima-se que o País necessitaria de cerca de seis mil taxonomistas vegetais (pesquisadores que se dedicam a conhecer e inventariar as plantas) para dar conta de estudar sua flora. Hoje, esse número não chega a 250, portanto, menos de 5% do necessário. Esse é um campo aberto de trabalho!

Diversidade de invertebrados

Saindo do mundo das plantas e entrando no universo dos animais, é impossível não chamar sua atenção para insetos e aranhas. Eles representam nada menos que o grupo com maior número de espécies em todo o globo!

Estimativas recentes indicam que de 90 a 120 mil espécies de insetos sejam conhecidas para o Brasil, o que representaria cerca de 10% ou mais do total de espécies descritas para o mundo (950 mil). As estimativas sobre a diversidade mundial de insetos variam enormemente: de dois a cinquenta milhões de espécies! O número menor certamente é uma subestimativa, pois se baseia principalmente no conhecimento acumulado para as regiões não tropicais. Por outro lado, o número maior é provavelmente uma superestimativa. (Erwin, T. L. 1982. Tropical forests: their richness in Coleoptera and other arthropod species. *Coleopterist's Bulletin* 36:74-75.) Esse número foi proposto por Terry Lee Erwin no começo da década de 1980, com base em seus estudos sobre a fauna de besouros que habita as copas de certas árvores da América Central, e é resultado de uma série de extrapolações amplamente criticadas na literatura científica. Atualmente, aceita-se como uma boa estimativa números ao redor de oito milhões de espécies de insetos no mundo.

O conhecimento sobre os insetos brasileiros é muito heterogêneo, com vários especialistas em alguns grupos (borboletas, por exemplo) e nenhum em outros (os colêmbolos, por exemplo). Isso dificulta grandemente a tarefa de calcular a quantidade de espécies que ocorrem no território. Por esse motivo, a seguir encontram-se informações para apenas alguns dos grupos mais conhecidos.

Quer saber sobre borboletas e mariposas? Pois os lepidópteros, grupo de insetos que as inclui, são relativamente bem conhecidos no Brasil, com cerca de 26 mil espécies descritas, representando mais de 15% das espécies conhecidas no mundo. Estima-se que existam quarenta mil espécies de lepidópteros no Brasil e, no mundo, mais de 250 mil!

As formigas são outro grupo relativamente bem conhecido no Brasil, com 2.500 espécies descritas de um total estimado de cinco mil. Tais números representam um quarto de todas as espécies conhecidas ou estimadas para o mundo. Besouros: são conhecidas cerca de trinta mil espécies no Brasil, o que representa pouco menos de 10% do total conhecido no mundo. Porém, esse é o grupo para o qual as estimativas dizem pouco... Não existe, ainda, um consenso para o número de besouros no Brasil ou no mundo. É provável que existam alguns milhões de espécies de besouros no planeta, dos quais 10 a 15% devem ocorrer no Brasil.

Finalmente, as aranhas! São conhecidas cerca de seis mil espécies no Brasil, pouco menos de 10% do que é conhecido para o mundo.

E como será a diversidade de invertebrados marinhos? Em uma tentativa recente de avaliar a biodiversidade desses animais no Brasil, foi constatado que, para 16 dos 34 grandes grupos desses animais que ocorrem no litoral brasileiro, não existem especialistas no país! Ou seja, para esses 16 grupos, não foi nem possível estimar quantas espécies ocorrem no Brasil. Para os demais – que incluem esponjas, águas-vivas, moluscos, crustáceos, ouriços e estrelas-do-mar – são conhecidas cerca de sete mil espécies e estima-se que esse número deva subir para pelo menos 15 mil quando a fauna brasileira de invertebrados marinhos for totalmente conhecida.

Quer exemplos? Mais de quinhentos espécies de decápodos – grupo que reúne os caranguejos, camarões e lagostas – são conhecidos na costa brasileira, o que representa pouco mais de 5% da fauna catalogada para o mundo. Quanto aos moluscos, são conhecidas mais de duas mil espécies na costa brasileira e estima-se que existam por volta de dez mil; ou seja, menos de um quarto da fauna brasileira de moluscos já foi catalogada por especialistas. A fauna conhecida de moluscos brasileiros representa cerca de 3% da fauna conhecida para o mundo. Pouco mais de quinhentas espécies de cnidários (grupo que inclui as águas-vivas e as anêmonas) são conhecidas para a costa brasileira, o que representa cerca de 7% da fauna conhecida no mundo.

Diversidade de peixes

O Brasil possui a maior diversidade de peixes do mundo, com mais de 3.500 espécies conhecidas, representando cerca de 11% do total de espécies catalogadas para o mundo (mais de 31 mil). Trata-se de uma fauna ainda pouco conhecida. Somente entre 1978 e 1995 foram descritas trezentas espécies novas de peixes para a fauna brasileira. Isso equivale a mais de uma espécie nova por mês durante quase duas décadas! Para se ter uma ideia de quão rica é a fauna brasileira, estima-se que existam de quatro a cinco mil espécies de peixes de água doce no Brasil, ao passo que a Europa inteira possui apenas 320. Somente da família dos caracídeos – que inclui os lambaris, pacus e matrinchãs – existem mais de quinhentas espécies no Brasil, ou metade de todas as conhecidas para essa família no mundo!

Cerca de dois terços da fauna brasileira conhecida de peixes são formados por espécies de água doce. Entretanto, a fauna marinha é muito mais estudada do que a de água doce. Em outras palavras, podemos afirmar que ainda há muitas espécies de água doce para serem descobertas e que a grande maioria dos peixes brasileiros encontra-se em nossos rios e lagos.

Diversidade de anfíbios e répteis

Agora, prepare-se: vamos falar cobras, sapos e lagartos!

O Brasil possui a fauna mais rica do mundo quando se trata dos anfíbios: sapos, rãs, pererecas e outros grupos. Cerca de 850 espécies já foram catalogadas, o que representa mais de 10% das mais de 7.200 espécies conhecidas no mundo todo. Estima-se que mais da metade dessas espécies só ocorram em território brasileiro, ou seja, são endêmicas do Brasil. No grupo das pererecas (a família *Hylidae*), por exemplo, ocorrem mais de 320 espécies, o que representa um terço de todas as espécies dessa família no mundo. Para se ter uma ideia de tal diversidade, é possível encontrar entre sessenta e oitenta espécies diferentes de anfíbios em uma única localidade da Amazônia ou da Mata Atlântica. Além disso, é comum encontrarmos espécies ainda desconhecidas em inventários de anfíbios, em todos os biomas brasileiros. No período entre 1978 e 1995, mais de cem novas espécies de anfíbios brasileiros foram descritas por especialistas e a taxa de encontro de novas espécies tem-se mantido alta nos últimos anos.

Pausa para outra pergunta: onde existem mais anfíbios? na Mata Atlântica ou na Amazônia?

Cerca de metade dos anfíbios brasileiros está na Mata Atlântica, embora a Amazônia e o Cerrado também tenham uma grande diversidade desse grupo. Um total de 16 espécies de anfíbios encontra-se na lista oficial brasileira de animais ameaçados de extinção, e uma espécie de perereca já desapareceu...

Sobre os répteis, já foram catalogadas para o Brasil mais de 360 espécies de serpentes (10% das espécies do mundo), 230 de lagartos (5% da fauna mundial) e sessenta de cobras-de-duas-cabeças (um terço das espécies conhecidas). Quanto aos quelônios e jacarés, são conhecidas no Brasil 36 espécies de tartarugas e jabutis (11% da fauna mundial) e seis de jacarés (25% das espécies conhecidas). No total, são conhecidas mais de setecentas espécies de répteis, o que representa cerca de 8% da fauna mundial de répteis e coloca o Brasil como o quinto país com maior diversidade para esse grupo. É preciso chamar a atenção, no entanto: mais de um terço da fauna brasileira de répteis é endêmica, ou seja, só ocorre em território brasileiro.

A maior diversidade de répteis é encontrada na Amazônia, na Mata Atlântica e no Cerrado. Vinte espécies de répteis brasileiros está na lista oficial de animais ameaçados de extinção.

Diversidade de aves

Cerca de 1.800 espécies de aves ocorrem em território brasileiro, e cerca de duzentas delas só ocorrem em nosso país. Como exemplo dessa enorme diversidade, são mais de mil espécies somente de passarinhos, mais de oitenta psitacídeos (papagaios, araras e periquitos), mais de oitenta beija-flores e quase setenta de gaviões e falcões. O Brasil é o terceiro país com maior diversidade de aves, ficando atrás somente da Colômbia e do Peru. Um quinto das espécies de aves do mundo ocorrem no Brasil!

Os três biomas com maior diversidade de aves em nosso país são a Amazônia, a Mata Atlântica (ambos com cerca de mil espécies de aves) e o Cerrado (com mais de oitocentas espécies). Mais de 150 espécies de aves brasileiras estão na lista oficial brasileira de animais ameaçados de extinção. Duas aves estão completamente extintas (a arara-azul-pequena e o maçarico-esquimó) e duas outras só sobrevivem no cativeiro (a ararinha-azul e o mutum-de-Alagoas), ou seja, não há mais exemplar algum dessas espécies na natureza.

Diversidade de mamíferos

Agora, finalmente, o nosso grupo. Sim, *nosso*. Ou você já se esqueceu que é um mamífero?

O Brasil é o país onde existem mais espécies de mamíferos. São mais de 650 espécies, sendo mais de quarenta delas marinhas. Para alguns grupos, nossa fauna é excepcionalmente rica, como no caso dos primatas (macacos, saguis), com mais de cem espécies. Sabe o que isso representa? Um quarto de todos os primatas do mundo!

Os pesquisadores continuam encontrando espécies desconhecidas de mamíferos com certa frequência no Brasil.

Como exemplo, quase 15 novas espécies de macacos foram descobertas em território brasileiro na segunda metade do século XX. Cerca de 130 espécies de mamíferos brasileiros – um quarto da fauna! – ocorre exclusivamente em território brasileiro.

E onde vive essa diversidade?

A maior diversidade de mamíferos no Brasil está na Amazônia (mais de trezentas espécies), na Mata Atlântica (cerca de 250) e no Cerrado (quase duzentas). Um total de 69 espécies de mamíferos está incluído na lista oficial brasileira de animais ameaçados de extinção. Para alguns grupos, a situação é crítica. Por exemplo, cerca de um quarto da fauna de primatas brasileiros está incluída na lista oficial brasileira de animais ameaçados de extinção. Isso significa que devemos tomar medidas urgentes para proteger nossos "primos" macacos do perigo da extinção!

5 Para que serve a biodiversidade?

Antes de respondermos para que serve, todos nós deveríamos nos perguntar: a *quem* serve a biodiversidade? E então teríamos a resposta...

Desde o início da evolução da espécie humana, a diversidade de organismos tem servido principalmente a essa espécie. Logo, perguntar para que serve a biodiversidade já traz embutida a resposta: serve para o ser humano. A pergunta correta então deveria ser: em que nos serve a biodiversidade?

Conforme já discutimos, desde há séculos a humanidade tem carregado uma visão utilitarista da natureza: tudo o que existe, existe para ela, para servi-la. Notem que essa visão contamina inclusive muitas de nossas explicações em Ciência com uma ideia que se chama *finalismo*, ou seja, tudo tem uma finalidade! É comum que, em aulas de Ciências ou de Biologia, ao estudarem determinada estrutura ou elemento biológico, os alunos perguntem: "para que serve isso?" como se tudo na natureza tivesse um objetivo, uma razão de ser, um destino. Pense, por exemplo, em certas plantas que possuem folhas inteiras e divididas em um mesmo indivíduo. Para que serve isso? Se serve para alguma coisa, ainda é preciso descobrir, pois aparentemente essa característica não traz qualquer benefício ou prejuízo para a planta. Ela apenas existe!

Com essas ressalvas em mente, podemos avançar no objetivo do nosso tema... Apesar de a natureza e sua biodiversidade não existirem em função do ser humano, é fato que temos nos beneficiado enormemente de produtos dessa diversidade. Basta pensarmos no que comemos no jantar de ontem, nas fibras das roupas que estamos vestindo agora ou no material de que é feita a mesa ou as portas da sala onde estamos lendo este livro! Portanto, refletir sobre para que serve a biodiversidade significa refletir sobre nossa relação com os demais organismos da biosfera da qual fazemos parte. Significa, também, adquirirmos argumentos para a conservação dessa biodiversidade e das relações que ela abriga.

De maneira geral, podemos afirmar que existem duas categorias de uso da biodiversidade pelo ser humano: o suprimento de produtos e os chamados "serviços ambientais". Já explicaremos cada um deles. Preparado?

Suprimento de produtos

A principal importância, para o ser humano, do uso da biodiversidade se dá pelo suprimento de produtos. Toda nossa alimentação e parte significativa de nossas vestimentas e moradias são provenientes de organismos vegetais ou animais. Nesse caso, a conservação da biodiversidade tem um caráter utilitário e essencial: nossa própria manutenção como espécie.

É verdade que a maior parte do que usamos não provém de extração direta da natureza: temos cultivos, criações, formas de controlar a produção. Mas é importante lembrar que nem sempre foi assim. Todos os organismos hoje domesticados ou cultivados um dia estiveram no estado selvagem, sendo que o processo de uso e domesticação foi se dando aos poucos e lentamente. Também não vai tão distante o tempo em que nossos bisavós utilizavam lenha como combustível para o fogão ou para o transporte, lenha essa que era obtida à custa do desmatamento de nossas florestas.

Outro ponto importante a ser considerado refere-se ao quanto nós conhecemos e usamos da biodiversidade que nos rodeia. Das cerca de 220 mil espécies de angiospermas estimadas, não utilizamos mais do que 40 ou 45 de plantas em nossa alimentação. Destas, vinte são de grãos e cereais que correspondem a 90% do que comemos. Entre essas vinte, apenas três (trigo, milho e arroz) correspondem a 70% de nossa alimentação! O fato é claro, não é? Falta muito a ser conhecido e explorado. Sim, explorado, porque embora essa palavra tenha adquirido uma conotação negativa, existem formas de exploração responsável e sustentada de nossos recursos. Para isso, contudo, é necessário, antes, conhecê-los.

Um aspecto importante do "para que serve a biodiversidade" e "por que preservá-la" tem a ver com bem-estar e qualidade de vida. Pessoas que vivem em ambientes rurais conhecem muito bem o valor da diversidade biológica por se beneficiarem diariamente da natureza. Da biodiversidade ao seu redor, um caboclo amazônico extrai frutas e animais para se alimentar, fibras para fazer cordas, inseticidas naturais, iscas para pescar, madeira para fazer casas, móveis, canoas e utensílios, e plantas medicinais para tratar diversos males – de resfriados a picadas de cobras.

Por utilizarem a biodiversidade de forma mais indireta, pessoas que vivem nas cidades geralmente tem mais dificuldade para entender seu valor, embora dependam tanto dela quanto quem vive em áreas rurais. Para qualquer uma dessas pessoas, no entanto, é certo que é muito mais agradável caminhar por uma estrada ou rua cercada de árvores e flores do que por um local desprovido de qualquer elemento vivo. A manutenção da biodiversidade relaciona-se, portanto, também ao bem-estar das pessoas e à manutenção e ao desenvolvimento de seu senso estético. A contemplação de uma bela paisagem natural tem efeitos que todos nós conhecemos e que dispensam maiores comentários.

Sobre a manutenção e o conhecimento da diversidade de seres vivos e sua relação com a qualidade de vida do ser humano, é impossível não pensar nos inúmeros compostos químicos de importância farmacológica que continuam guardados no imenso baú da biodiversidade. A grande maioria dos fármacos hoje usados em larga escala foram isolados e depois sintetizados a partir de organismos vivos. Isso vale, por exemplo, para a aspirina e a penicilina, tão conhecidas nossas. Há pouco tempo atrás, entre 1997 e 1999, foram isoladas duas substâncias extremamente importantes de uma planta nativa de Madagascar e muito frequente em nossos jardins, a vinca ou boa-noite (*Catharanthus roseus*). Esses compostos (vinblastina e vincristina) diminuíram de 90% para 10% o índice de mortes causadas por alguns tipos de leucemia infantil!

É importante notar que, embora essas plantas estivessem presentes em jardins do mundo todo, conhecia-se muito pouco sobre seus compostos químicos. Se isso ocorre com plantas que todos conhecem, é fácil imaginar o que deve acontecer com aquelas que estão no interior de florestas perdidas em algum ponto do hemisfério Sul...

Não precisamos ir longe. O veneno da jararaca comum (*Bothrops jararaca*) – que ocorre no leste brasileiro, do Rio Grande do Sul à Bahia – deu origem a medicamentos como o anti-hipertensivo Captopril (que durante vários anos garantiu um faturamento anual de mais de um bilhão de dólares à multinacional Squibb) e o Evasin, patenteado recentemente por pesquisadores do Instituto Butantan.

A conservação da biodiversidade tem, portanto, também esse alcance de permitir que sejam preservadas possibilidades de cura para doenças até o momento incuráveis e de melhorar a qualidade de vida não somente de um grupo de indivíduos como de toda a humanidade. Longe de essa realidade ser apenas um clichê, um lugar-comum no discurso conservacionista, longe disso, ela é um fato real e sério que deve ser considerado por todo cidadão e por todos os segmentos da sociedade e da política ao elaborarem propostas de preservação ou ao votarem leis que evitem a depredação da nossa biodiversidade.

Saberes associados à biodiversidade

Existe ainda um aspecto muito importante da preservação da biodiversidade que deve ser levado em conta. Há incontável número de agrupamentos humanos tradicionais que preservam culturas e saberes relativos à biodiversidade do local em que vivem. Só para citar o Brasil como exemplo, são comunidades indígenas, caiçaras, caboclas, quilombolas, e tantas outras que não apenas tem seu domicílio em meio à biodiversidade, como usam elementos dessa diversidade e desenvolvem uma cultura própria, a ela associada. Basta fazer um rápido passeio pelas lendas e mitos de nosso folclore para termos uma noção do que isso representa. Da mesma forma, uma conversa com uma benzedeira ou rezadeira ou com um caiçara certamente trará revelações importantes sobre como a cultura popular e a sabedoria dessa gente incorporaram elementos de nossa biodiversidade em seu dia a dia.

Logo, um dos "usos" da biodiversidade, se é que podemos colocar assim, é a geração e o desenvolvimento de culturas diversas, cada qual com sua interpretação e visão de mundo. Preservar a biodiversidade significa, portanto, também preservar a diversidade e a identidade cultural de uma região, de um povo, de uma nação.

Serviços ambientais

O termo *serviços ambientais* define quaisquer características de ecossistemas naturais que comprovadamente beneficiam a humanidade. Enquanto os bens e produtos provenientes da biodiversidade são usados de forma direta, os serviços ambientais representam valores de uso indireto pelo ser humano.

Quer um exemplo?

A biodiversidade permite a manutenção de ciclos biogeoquímicos (carbono, nitrogênio, enxofre, entre outros) de importância muito grande para a sobrevivência dos organismos e para a manutenção da vida no planeta.

O mais importante serviço ambiental, no entanto, refere-se ao fato de que a biodiversidade fornece o meio biótico no qual boa parte da matéria e da energia do planeta flui!

A manutenção e a regulação de climas e de funções hidrológicas, por exemplo, só ocorrem graças à biodiversidade. As grandes florestas do mundo desempenham um papel muito importante na determinação do clima de uma região. Assim também, a manutenção de nascentes de rios ou a contenção de processos de erosão ocorrem por intermédio da biodiversidade.

Recentemente, economistas tentaram atribuir valores a esses serviços, como forma de chamar a atenção de governos e conservacionistas para sua importância. Foi calculado que os serviços prestados por todos os ecossistemas da Terra em conjunto somam algo em torno de 18 trilhões de dólares por ano! (Costanza, R., R. d'Arge, R. de Groot, S. Farber, M. Grasso, B. Hannon, K. Limburg, S. Naeem, R. V. O'Neill, J. Paruelo, R. Raskin, P. Sutton e M. Van den Belt. 1997. The value of the world's ecosystem services and natural capital. *Nature* 387:253–260.)

O *ecoturismo* é entendido também como uma forma de serviço ambiental. Afinal, é a natureza que fornece os elementos principais para que esse tipo de turismo aconteça. E não subestime seu potencial: esse é um tipo de uso da biodiversidade que cresce cada vez mais! Ele pode mesmo ser uma forma mais inteligente de se ganhar dinheiro com a biodiversidade.

Só para você ter uma ideia: um grupo de 16 baleias em Ogata, no Japão, pode render, ao longo de 15 anos, cerca de 41 milhões de dólares ao país só com os turistas que ali aportam para observá-las e fotografá-las. Se essas mesmas 16 baleias fossem mortas e tivessem seus produtos vendidos, renderiam, no máximo, 4,3 milhões de dólares. (Myers, N. 1996. Environmental services of biodiversity. *Proceedings of the National Academy of Sciences USA* 93:2764-2769.)

É para se pensar, não?!

A diversidade e os organismos que a compõem

Se existe importância da biodiversidade ligada às relações dela com o ser humano, imagine então qual não é a importância da biodiversidade na manutenção das relações entre os organismos que a compõem...

Nenhum organismo ocorre independentemente dos demais; ele necessita de uma série de relações com outros organismos que lhe possibilitam a vida. Imagine uma planta polinizada por uma vespa, por exemplo. A planta fornece alimento para a vespa, que, por sua vez, promove a polinização da planta, cujo fruto, depois de formado, pode servir de alimento para outro animal, uma ave, por exemplo. Essa ave dispersará as sementes que germinarão no solo graças à ação de decompositores que tornaram disponíveis nutrientes antes presentes no corpo daquela vespa, ou daquela ave, ou daquela planta... Preservar a biodiversidade significa, também, preservar uma quantidade ilimitada de relações entre os organismos. Qualquer elemento dessa cadeia que entre em desequilíbrio ou desapareça representará uma perda na intrincada rede de relações e interações biológicas daquele ambiente. Quanto maior a diversidade, maior será a estabilidade de um determinado ambiente. Isso é fácil de perceber usando o mesmo exemplo que acabamos de dar. Caso uma espécie de decompositor venha a faltar naquele ambiente, ela pode ser substituída por outra que desempenhe a mesma função. Imaginem, agora, se houver somente uma – aquela – espécie de decompositor! Sua ausência provocará instabilidade em todo o sistema.

Pensando ainda na interdependência dos organismos que formam a diversidade de um local, é preciso chamar a atenção para a importância desses organismos na composição dos biomas e ecossistemas do planeta. Já vimos que a diversidade de um bioma é diretamente relacionada ao tipo e à quantidade de espécies que ele possui. Portanto, a importância da biodiversidade tem a ver com a fisionomia de uma paisagem e a diversidade de um determinado bioma. Cada indivíduo ou cada espécie que compõe essa paisagem, esse bioma é que irá caracterizá-lo. Sabemos, por exemplo, que um trecho de floresta pertence à mata pluvial de encosta ou à mata de restinga ou à mata de planalto não só pela sua localização geográfica mas, principalmente, pelas espécies que possui. Imaginar um ecossistema ou um bioma sem sua diversidade de organismos é como imaginar um quebra-cabeças só com moldura, sem as peças que o preenchem...

A importância intrínseca da biodiversidade

Finalmente, uma última advertência! Precisamos chamar a atenção para a importância *intrínseca* da biodiversidade. Para além da importância do conhecimento de sua utilidade para as pessoas, da necessidade de sua preservação para o bem-estar e a própria permanência do ser humano no planeta, para além das possibilidades de usos de organismos para e pelo homem, para além de tudo isso, existe ainda o fato de que a biodiversidade é importante em si.

A biodiversidade, tal como se apresenta hoje, é resultado de uma infinidade de passos do processo evolutivo. Cada espécie, cada indivíduo que a compõe, é consequência de uma quantidade enorme de "erros" e "acertos" derivados de mutações que resultaram em características adaptativas em determinado contexto ou não adaptativas em outro, assim como da deriva genética.

Individualidade é a característica básica que coloca os seres vivos numa categoria à parte das demais. Enquanto os compostos químicos ou os minerais, por exemplo, mantêm certo padrão de repetição na natureza, no caso dos seres vivos as possibilidades são quase infinitas. Dessa maneira, cada espécie ou cada organismo é depositário de uma diversidade de genes, de formas, de produtos, de comportamentos, de relações que vão se somando e se multiplicando em diferentes níveis e compõem isso a que chamamos biodiversidade. Por isso, uma espécie ou um organismo são importantes em si. A biodiversidade tem importância por representar, ela própria, um registro real de como evoluiu a vida na Terra.

Essa biodiversidade é como a foto de uma reunião de família. Cada pessoa daquela foto tem sua história, sua origem, seu desenvolvimento e sua vida independentemente das demais, mas que em algum momento se tocam, sobrepõem. E todas aquelas pessoas, juntas, naquele momento, representam um instantâneo de uma história. Se a foto fosse tirada algumas décadas antes, as pessoas seriam outras e as histórias, outras também. Se a foto fosse tirada alguns minutos depois do que foi, talvez a disposição das pessoas tivesse mudado um pouco, não seria exatamente aquela do momento. Transportemos isso para o tempo geológico...

O que estamos vendo atualmente é um retrato momentâneo da história da vida na Terra. Cada personagem, cada organismo, tem sua história que, somada à dos demais, permite compor a foto de família. Cada um é importante pelo que é e pelo que representa no conjunto... Portanto, conhecer e preservar tudo isso significa conhecer e preservar também a nossa própria história.

6 A perda da biodiversidade provocada pela humanidade

Diferentes tipos de extinção

Já que estamos falando em história da vida, você faz ideia de quantas espécies já existiram em nosso planeta desde o surgimento da vida até agora?

Faça as contas: estima-se que hoje existam entre 2 e 4% de todas as espécies que já existiram na Terra. Isso já nos dá uma indicação: tanto as extinções naturais como as causadas por catástrofes são fenômenos corriqueiros na história do nosso planeta. Estima-se que, em média, 2,5 espécies por ano tenham se extinguido nos últimos seiscentos milhões de anos. De novo, faça as contas! Isso dá um total de 1,5 bilhão de espécies!

Além das extinções verdadeiras, nas quais a espécie desaparece sem deixar descendentes, uma espécie pode se transformar em outra ao longo do tempo, pela evolução. No nosso caso, por exemplo, nossa espécie (*Homo sapiens*) e o homem de Neandertal (*Homo neanderthalensis*) provavelmente descendem de um ancestral comum, o homem de Heidelberg (*Homo heidelbergensis*). E consideramos que esse ancestral foi extinto (ou deixou de existir como espécie para nós, humanos) ao dar origem às espécies descendentes. Esse processo é chamado de pseudoextinção, pois nesse caso a linhagem ancestral deixou descendentes. Na prática, o homem de Heidelberg não deixou de existir, pois seus genes se perpetuaram nas espécies descendentes.

A extensão e, portanto, as consequências das extinções também podem variar. Uma espécie que só existe em uma única ilha será totalmente extinta se essa única população desaparecer. Por sua vez, uma espécie que ocorre em grande área em um continente, por exemplo, pode ter algumas de suas populações extintas em partes de sua distribuição. As extinções locais geralmente resultam na diminuição da variabilidade genética da espécie, mas não em sua extinção, que só ocorreria se todas as populações fossem extintas. Além disso, as extinções locais podem ser revertidas, caso o fator que as causou seja controlado, ao passo que as globais são irreversíveis.

Podemos, no entanto, pensar em extinções em outros níveis além de espécie, que é o que estamos mais acostumados a lidar. Podemos pensar em extinções de gêneros (grupo de espécies aparentadas), famílias (grupo de gêneros aparentados) e agrupamentos de níveis superiores na hierarquia da classificação dos seres vivos. Um gênero é extinto quando todas as espécies que o compunham desaparecem. Novamente se usarmos a nós próprios como exemplo, o gênero (*Homo*) só não foi extinto porque nossa espécie, a última remanescente do gênero, persistiu até hoje.

Finalmente, podemos classificar as extinções por meio de suas causas. Por exemplo, uma espécie pode ser extinta simplesmente se seu *habitat* for totalmente destruído e ela não for capaz de viver em outros ambientes. Adivinhe qual é o tipo de extinção mais provocado pelo ser humano? Você acaba de receber um prêmio: é esse mesmo!

Outra causa: a humanidade pode explorar uma espécie a tal ponto que ela acaba por se extinguir. Isso não lhe lembra um pouco o parasitismo? Em outros casos, o ser humano introduz predadores ou herbívoros em comunidades das quais eles não faziam parte, o que pode levar a extinções. Na maioria dos casos, tais extinções ocorrem simplesmente porque os membros dessa comunidade não apresentam adaptações defensivas que impeçam ou dificultem seu consumo por parte dos animais introduzidos.

Seja qual for a causa das extinções provocadas pela interferência humana – direta ou indireta –, o fato é que a lista mundial de espécies ameaçadas conta atualmente com 717 espécies animais e 87 espécies de plantas extintas, quase a totalidade delas desaparecida nos últimos quatrocentos anos. Essa listagem fúnebre inclui 76 mamíferos, 134 aves, 91 peixes, 38 anfíbios, 21 répteis e mais de 350 invertebrados. É importante notar que tais listas referem-se apenas às extinções conhecidas. Certamente números muito maiores de animais e plantas foram extintos – especialmente pela destruição de seus *habitats* – sem que a humanidade sequer se desse conta. Para as plantas, embora apenas pouco mais de oitenta espécies estejam comprovadamente extintas, estima-se que quase quatrocentas já tenham desaparecido.

É possível que o número de extinções em ecossistemas pouco estudados, como os marinhos, seja comparável ou até maior do que naqueles para os quais temos informação. Com base na biodiversidade das florestas tropicais e nas taxas de desmatamento atuais, estima-se que dezenas de milhares de espécies estão sendo extintas a cada ano ao redor do planeta.

Entre os animais, a maioria das extinções conhecidas ocorreu com espécies de ilhas. Sabe por quê? Além de constituírem populações únicas e geralmente pequenas, essas espécies geralmente evoluíram na ausência de predadores ou herbívoros e, por isso, sofreram com a introdução de espécies que antes não existiam em suas ilhas. De fato, uma parte considerável da fauna mundial considerada ameaçada de extinção ocorre em ilhas.

Agora, prepare seu estômago! Vamos dar alguns exemplos dos principais tipos de extinções provocadas pelo homem...

Perda de biodiversidade por destruição de *habitats*

Já contamos uma parte da história: as extinções causadas pela destruição de vegetação natural, ou seja, do *habitat* de diversos organismos, são, de longe, as mais frequentes. Praticamente todos os ecossistemas tropicais sofreram com a destruição ou perturbação de seus *habitats*, em maior ou menor grau. Normalmente pensamos em florestas – no caso do Brasil, especialmente a Mata Atlântica e a Amazônica – quando falamos em destruição de *habitats* tropicais. De fato, grande parte das extinções já ocorridas nos trópicos se deu pela destruição das florestas tropicais. No caso do Brasil, isso ocorreu na Mata Atlântica. Entretanto, vários outros ecossistemas tropicais que detêm biodiversidade relativamente alta ou grande proporção de espécies endêmicas (exclusivas daquele ecossistema) têm sido destruídos a uma taxa alarmante, como é o caso dos cerrados, dos recifes de coral, dos manguezais e das restingas da costa brasileira.

As florestas tropicais cobrem atualmente mais de 14 milhões de km^2 da superfície da Terra, o que equivale a uma vez e meia o território do Brasil. Originalmente, estima-se que as florestas tropicais cobriam mais de trinta milhões de km^2, sendo que dois quintos delas estavam nas Américas, dois quintos na África e um quinto na Ásia. Atualmente, mais de metade das florestas tropicais remanescentes encontra-se nas Américas. O Brasil é, com folga, o país com a maior área de florestas tropicais do mundo – lembre-se que quase dois terços da Amazônia encontra-se em território brasileiro –, contendo três vezes mais florestas do que a República Democrática do Congo, o segundo colocado em extensão de florestas tropicais. Mais de 60% do território brasileiro é coberto por florestas tropicais, que ocupam cerca de 3,3 milhões de km² (cerca de um quarto da área ocupada pelo total de florestas tropicais do globo). Em outras palavras, ou melhor, em outros números, isso representa mais de cem bilhões de toneladas de madeira, ou um quarto de toda a madeira do mundo.

Atualmente, resta apenas cerca de um terço das florestas tropicais da África e da Ásia. Na América tropical, restam pouco menos de dois terços das florestas originais, em grande parte pelo fato de a Amazônia ter sido relativamente pouco desmatada – ainda restam mais de 80% de suas florestas originais. Não, não adianta comemorar... Algumas florestas tropicais foram quase totalmente varridas da superfície da Terra, como a Mata Atlântica brasileira, o primeiro ecossistema a ser explorado com a colonização europeia no Brasil. Restam apenas 7 ou 8% de sua cobertura original – que se estendia por mais de um milhão de km² – e grande parte do que restou está em pequenos fragmentos que não possuem condições adequadas para manter todos os organismos que ali viviam antes do desmatamento. Só no século XX, a Mata Atlântica brasileira foi reduzida de cerca de 750 mil para cem mil km² e a situação não foi diferente na Argentina e no Paraguai. No Brasil, esse intenso desmatamento se deve principalmente ao fato de 70% da população brasileira viver em áreas de Mata Atlântica. Lembre-se: todos querem estar de frente para o mar...

As principais causas da destruição de florestas tropicais são a pressão de ocupação da terra para a expansão agropecuária e urbana e a extração de madeira. A destruição da Mata Atlântica e boa parte do que já foi destruído na Amazônia deveu-se principalmente à expansão agropecuária (embora a exploração de madeira também tenha sido importante). Um histórico semelhante ocorreu na África. Na

Ásia tropical, no entanto, a exploração de madeira tem sido o fator de maior importância para a destruição das florestas, mais do que a agropecuária.

Além da destruição atual das florestas tropicais – amplamente divulgada pela imprensa brasileira e estrangeira –, outros ecossistemas importantes estão sendo destruídos nas regiões tropicais sem que a maioria das pessoas tenha conhecimento desse fato. Um exemplo lamentável tem sido a conversão do Cerrado brasileiro em imensos campos de soja nas últimas décadas. Já desde o final do século XIX, a ocupação do Brasil central tem sido incentivada, mas a construção de diversas rodovias cortando o Cerrado e a criação de Brasília foram fatores que levaram à intensa ocupação ocorrida em meados do século XX. Entre 1870 e 1960, o crescimento populacional nas áreas de Cerrado foi maior do que a média nacional e somente na década de 1960, a população humana no Cerrado cresceu mais de 70%. Hoje a região conta com quase vinte milhões de habitantes (quase um oitavo da população brasileira!).

Até 1950, a contribuição do Cerrado para a produção agrícola nacional era inferior a 10%. Nessa época, suas áreas eram utilizadas principalmente para a pecuária extensiva – que depende de grandes áreas de terra para cada cabeça de gado. Já a partir da década de 1970, o Cerrado tornou-se o maior produtor e exportador de bens agrícolas do Brasil. Em grande parte por essa enorme expansão agrícola, em especial pelo avanço da cultura da soja, mais de 35% da vegetação nativa de Cerrado já foi completamente destruída. São mais de oitocentos mil km^2 de cerrados destruídos, o equivalente a cerca de uma vez e meia o território da França! Além disso, estima-se que dois terços das áreas de Cerrado estejam sofrendo efeitos diretos da ação humana.

Você sempre leu que a Amazônia está sendo destruída? Pois saiba que a destruição do Cerrado ocorre a uma velocidade quase duas vezes maior do que a da Amazônia. Além da agropecuária, também foi importante na história de destruição do Cerrado a extração de madeira para a produção do carvão que sustentava as grandes siderúrgicas de Minas Gerais nas décadas de 1940 e 1950.

Como já contamos para você no Capítulo 4 (Biodiversidade no Brasil), o Cerrado abriga flora e fauna muito ricas, com alto grau de endemismo. Sua destruição atual está dizimando espécies de animais, plantas e microorganismos que nem sequer foram descobertos pela humanidade – ainda hoje é muito comum a descoberta de novas espécies de animais e plantas. A perda de biodiversidade que vem ocorrendo no Cerrado nas últimas décadas deve ser equivalente à que ocorreu na Mata Atlântica nos últimos séculos. E, para tornar a situação ainda mais desesperadora, não há sinal de que essa destruição esteja diminuindo...

Tudo bem, você vai nos dizer: mas o Brasil precisa crescer, aumentar sua produção, exportar e gerar alimentos. Tudo bem, nós vamos lhe responder. Mas precisa ser de maneira completamente impensada e não planejada? Não há meios de se compatibilizar desenvolvimento e preservação? Afinal, somos o *Homo sapiens* ("homem sábio", na tradução) para quê?

Os recifes de coral também têm sofrido destruição como consequência direta das atividades humanas. Pelo menos um décimo deles já foi destruído, principalmente no mar do Caribe e no sudeste asiático. Estima-se que um terço dos que ainda não foram aniquilados encontre-se em situação de risco. Nas Filipinas, por exemplo, mais de dois terços dos recifes de coral já foram completamente destruídos, especialmente pelo uso de explosivos na pesca. Mas outros fatores, como a extração de corais, têm contribuído para sua eliminação. Se as taxas mantiverem-se nos níveis atuais, mais da metade dos recifes de coral estarão destruídos em meados deste século. Portanto, existe uma grande chance de seus netos ou bisnetos não conhecerem esses organismos tão interessantes...

Em resumo, grande parte da perda de diversidade que ocorre atualmente no mundo deve-se à destruição e degradação de *habitats* provocadas pela ação direta da atividade humana. As últimas versões da lista mundial de espécies ameaçadas mostram claramente tal realidade. A perda de *habitats* é a principal causa de ameaça de 80 a 90% das espécies de plantas, mamíferos e aves.

Aquecimento da atmosfera e extinções

Além da perturbação ou degradação dos *habitats* causada diretamente pela humanidade – como a remoção da vegetação natural –, outras alterações ambientais decorrentes de atividades humanas podem levar muitas espécies à extinção. A temperatura da atmosfera da Terra tem aumentado de forma constante nas últimas décadas, em grande parte pelo efeito-estufa desregulado, decorrente da acumulação dos gases que promovem a retenção de uma grande parte da energia solar que alcança a superfície do planeta. Esse aumento global da temperatura tem produzido mudanças nas distribuições e na abundância de várias espécies animais e vegetais. Pelo menos uma espécie animal parece ter sido extinta recentemente em decorrência desse aumento de temperatura: o sapo dourado (*Bufo periglenes*) que vivia em florestas nebulosas – aquelas cobertas de neblina em grande parte do ano – em topos de montanhas da Costa Rica. O aumento da temperatura causou uma diminuição da umidade do ar no *habitat* da única população conhecida dessa espécie, que acabou não conseguindo sobreviver. O último indivíduo do sapo dourado foi visto em 1989 no mesmo local onde dois anos antes foram observados 1.500 desses sapinhos! Você consegue imaginar o que é isso? Um declínio semelhante aconteceu, ao mesmo tempo, nas populações de várias outras espécies de répteis e anfíbios que viviam naquela área. Felizmente, para nós e para elas, essas espécies não chegaram a ser extintas...

Além de serem destruídos diretamente pela atividade humana, os recifes de coral também são afetados pelo aquecimento global. Algas simbiontes essenciais para a vida dos corais formadores dos recifes — as zooxantelas — estão morrendo em função do aquecimento global, causando o branqueamento dos corais. Os corais branqueados tornam-se mais vulneráveis a doenças e podem vir a morrer, trazendo consequências graves para a biodiversidade associada a esses ecossistemas.

O aquecimento da atmosfera certamente será um fator importante de extinção no futuro próximo. Um estudo recente usou projeções da distribuição futura de mais de mil espécies vegetais e animais que ocorrem em ecossistemas espalhados por todo o planeta. (Thomas, C. D., A. Cameron, R. E. Green, M. Bakkenes, L. J. Beaumont, Y. C. Collingham, B. F. N. Erasmus, M. F. De Siqueira, A. Grainger, L. Hannah, L. Hughes, B. Huntley, A. S. Van Jaarsveld, G. F. Midgley, L. Miles, M. A. Ortega-Huerta, A. T. Peterson, O. L. Phillips e S. E. Williams. 2004. Extinction risk from climate change. *Nature* 427:145-148.) Ele visou estimar probabilidades de extinção caso o aumento da temperatura atmosférica continue no mesmo ritmo nos próximos cinquenta anos. As projeções mais otimistas indicam que, se nada for feito, pelo menos 15% das plantas e dos animais das regiões estudadas estarão condenados à extinção por volta de 2050. E não se iluda: isso é daqui a pouco! No Cerrado brasileiro, por exemplo, o aquecimento global associado à intensa destruição da vegetação natural que tem ocorrido nos últimos anos pode fazer com que um terço das espécies de árvores esteja condenado à extinção em 2050. Com base nessas projeções, os autores do estudo concluem que, ao contrário do que se previa, as alterações da temperatura atmosférica causadas pela humanidade podem ser uma causa de extinção tão ou mais importante do que a destruição de *habitats* nas próximas décadas.

Perda de biodiversidade por exploração

As atividades humanas nos últimos séculos fizeram com que as taxas de extinção tenham se tornado centenas ou milhares de vezes maiores do que as taxas naturais que ocorreram ao longo da história da vida na Terra. A história das extinções provocadas pela exploração de recursos naturais pelos seres humanos parece ser antiga. O desaparecimento de vários mamíferos de grande porte que habitavam as Américas até pouco mais de dez mil anos atrás tem sido atribuído, por alguns cientistas, à superexploração por parte dos primeiros humanos que colonizaram o continente (embora existam sugestões de que essa colonização se deu há mais de trinta mil anos). (Barry W. Brook, B. W. e D. M. J. S. Bowman. 2002. Explaining the Pleistocene megafaunal extinctions: models, chronologies, and assumptions. *Proceedings of the National Academy of Sciences USA* 99:14624–14627.) Na América do Sul, por exemplo, desapareceu a grande maioria da fauna de grandes mamíferos, que incluíam mastodontes, preguiças gigantes e cavalos. Outros pesquisadores criticam duramente essa hipótese e sustentam que essas extinções foram causadas por mudanças climáticas – que teriam levado ao aumento na aridez dos ambientes onde esses animais ocorriam – e, portanto, não tiveram a participação de nossos ancestrais. (Vivo, M. e A. P. Carmignotto. 2004. Holocene vegetation change and the mammal faunas of South America and Africa. *Journal of Biogeography* 31: 943-957.) Entretanto, para algumas poucas espécies, como os mamutes e mastodontes, há evidências convincentes de que o homem as levou à extinção pela caça intensiva.

De qualquer modo, a partir do século XVII, as populações humanas começaram a aumentar de maneira acelerada, o que implicava um consumo cada vez maior de recursos naturais. Isso fez com que muitos organismos tenham sido explorados intensivamente até sua extinção. Alguns exemplos clássicos ajudam a entender como essas extinções ocorreram. A foca-monge do mar do Caribe foi registrada por Colombo em 1493, durante sua expedição pelas Américas. Por serem vistas como competidoras dos pescadores, os colonizadores espanhóis caçaram-na intensamente ao longo do século XVII. No século XVIII, a foca-monge já era um animal raro. Os últimos indivíduos foram capturados no início deste século e hoje a espécie parece estar completamente extinta.

Mas não precisamos ir tão longe a busca de exemplos de extinção por exploração. Em 1819, Johann Baptist von Spix, naturalista alemão que viajou pelo Brasil, descobriu uma pequena arara-azul no norte da Bahia, ao sul do rio São Francisco. Desde aquela época, a ararinha-azul parecia ser um animal raro na natureza. Entretanto, com a destruição de seu *habitat* e, principalmente, com a caça predatória nas décadas mais recentes, hoje em dia a espécie é considerada extinta na natureza. O último exemplar silvestre desapareceu em 2001. Entretanto, ainda há uma remota esperança para essa espécie, pois alguns exemplares mantidos em cativeiro podem permitir um programa de reintrodução da espécie em seu *habitat* natural no futuro.

Embora menos importante do que a destruição de *habitats*, as listas mundiais de espécies ameaçadas mostram que a exploração direta de organismos – que inclui a caça, a coleta e a pesca – é a principal causa de ameaça de um terço das aves e dos mamíferos ameaçados, bem como de um décimo das plantas.

Perda de biodiversidade devida à introdução de espécies exóticas

Primeira pergunta: você sabe o que são espécies exóticas? Não, não estamos falando de adjetivos como "diferente", "estranha"... Exótico, em biologia, tem outro significado: quer dizer não nativo. Portanto, espécies exóticas são aquelas que não são nativas, naturais daquele país ou área geográfica. A introdução de espécies exóticas também tem sido uma causa importante da perda de biodiversidade nos trópicos. No processo de colonização dos ambientes tropicais, a humanidade intencionalmente carregou consigo espécies domesticadas de animais e vegetais para seu sustento, transporte ou outros fins. Certas espécies – como os ratos e a lagartixa de parede, tão comuns em nossas cidades –, foram disseminadas de forma não intencional durante a colonização: elas eram transportadas pelos navios como clandestinas! Grande parte das espécies abundantes de animais e plantas em ambientes tropicais urbanizados – por exemplo, moscas, baratas, ratos, ervas daninhas – são resultado de introduções não intencionais que tiveram grande sucesso na colonização desses novos ambientes. Tais espécies introduzidas são caracteristicamente tolerantes e capazes de sobreviver nas mais diversas condições ambientais. Aqui, faça uma pausa de alguns minutos e pense: por que isso acontece???

Nos novos territórios, essas espécies geralmente estão livres dos fatores que originalmente controlavam o tamanho de suas populações – predadores ou competidores, por exemplo – e enfrentam um número menor de inimigos naturais. Em parte por esses motivos, mas também porque fauna e flora nativas não estão preparadas para enfrentar os invasores, várias dessas espécies causam danos irreparáveis para a biodiversidade das regiões que elas invadem. Exemplo: quase um terço das espécies ameaçadas de aves é afetado pela introdução de espécies exóticas. A invasão de ambientes campestres por capins exóticos – algumas vezes introduzidos intencionalmente como pasto, como é o caso da braquiária africana no Brasil – é um problema gravíssimo em várias regiões tropicais (incluindo o Cerrado brasileiro) porque diminui a diversidade de plantas por competição.

Temos "exemplos exemplares" de introduções desastrosas de espécies. Eles servem como aviso para os riscos que podem trazer algumas introduções de espécies. A abelha africanizada é um desses casos: ela resultou da miscigenação da abelha africana com abelhas europeias após a introdução acidental de abelhas africanas no estado de São Paulo na década de 1950. Simultaneamente à sua rápida disseminação pela América do Sul – elas alcançaram a América do Norte em menos de quarenta anos! –passaram a competir com as espécies nativas que atuavam como polinizadoras, especialmente as abelhas nativas sem ferrão. Além de deslocar essas espécies nativas, a abelha africanizada parece não ser um polinizador tão eficiente, o que resulta em prejuízo também para a vegetação nativa...

A introdução de peixes exóticos para o incremento da pesca em rios e lagos tem sido uma prática comum no Brasil nas últimas décadas. São criadas tanto espécies brasileiras, como o tucunaré e o pacu, como introduzidas espécies de outros países, como as tilápias. Embora ainda pouco estudados, os efeitos de tais introduções sobre a diversidade local de peixes foram certamente desastrosos. Por serem ótimos colonizadores, essas espécies com frequência invadem novas áreas além daquelas nas quais foram introduzidas e passam a se alimentar das espécies nativas ou a competir com elas. Para você ter uma ideia do efeito dessas introduções sobre a biodiversidade nativa, a introdução da perca do Nilo no lago Vitória, no leste da África, levou mais de duzentas espécies de peixes que só ocorriam nesse lago a se tornarem extintas ou ameaçadas de extinção. Sabe quanto tempo isso levou? Menos de dez anos!!! Essa é considerada a maior extinção em massa de vertebrados da história da humanidade.

A introdução de espécies exóticas tem efeitos mais intensos e negativos quando ocorre em áreas restritas e isoladas, como lagos e ilhas. São numerosos os exemplos de extinções devido à introdução de espécies em ilhas. A cobra-marrom-arborícola, uma espécie nativa da Nova Zelândia e países vizinhos, foi introduzida acidentalmente na ilha de Guam, no oceano Pacífico, logo após a Segunda Guerra Mundial. Por alimentar-se de ovos e ninhegos de aves, tal serpente já levou à extinção nove espécies de aves e ameaça outras nove! Além das aves, a cobra-marrom dizimou cinco espécies de lagartos e duas espécies de morcegos.

Predadores domesticados pelos humanos, como gatos e cachorros, também constituem um problema grave para a fauna de ilhas. Gatos ferais – que voltam a viver em liberdade – levaram à extinção oito espécies de aves em ilhas da Nova Zelândia. A erradicação de gatos domésticos em diversas ilhas ao redor do mundo tem sido uma importante medida para deter a perda de biodiversidade. Portanto, olhe com carinho mas com certa desconfiança para aquele bichano que você tem deitado em seu sofá...

A biopirataria

Vamos falar dos piratas! Esqueça aquele estereótipo do tapa-olhos, papagaio no ombro e camiseta listrada. O piratas mudaram bastante...

Você certamente já deve ter ouvido, em algum momento, o termo "biopirataria". Essa palavra surgiu no início da década de 1990 e também tem a ver com a perda da biodiversidade provocada pelo ser humano. Em sua origem, a definição de biopirataria referia-se principalmente à apropriação indevida, por indivíduos, empresas ou instituições, de recursos biológicos e dos conhecimentos a eles associados com o objetivo de se obter monopólio e lucro sobre tais recursos ou conhecimentos. Assim, a biopirataria ocorre, por exemplo, quando o conhecimento sobre um organismo e seu uso por comunidades indígenas passa a ser utilizado, dominado e patenteado por uma empresa. Com o passar do tempo, a definição foi se ampliando e biopirataria passou a significar, também, a retirada e o tráfico ilegal de organismos de nossa biodiversidade e seu comércio com outros países.

Existe uma infinidade de plantas e animais que são roubados da natureza e vendidos ilegalmente para o exterior. Isso diminui nossa diversidade porque são retirados indivíduos de suas populações naturais, fragilizando-as e diminuindo a chance de produção de descendência. Em certos casos, a diminuição se dá, também, porque muitos desses organismos são representantes de espécies raras, com poucos indivíduos na natureza. Logo, a retirada e o tráfico de plantas e animais nessa situação torna a espécie mais vulnerável à extinção.

Considerando o destino que os organismos têm depois de retirados da natureza, são reconhecidos três tipos principais de tráfico: para colecionadores particulares e zoológicos ou jardins botânicos, para comercialização em floriculturas ou lojas de animais e para fins científicos.

O tráfico para colecionadores particulares, zoológicos ou jardins botânicos talvez seja o pior dos tipos, pois prioriza espécies raras, em geral ameaçadas de extinção. Quanto mais raro o organismo, maior seu valor no mercado do tráfico.

Orquídeas e bromélias estão entre as plantas mais procuradas para esse tipo de comércio. No caso dos animais, as aves são as mais requisitadas, principalmente os psitacídeos, grupo das araras e papagaios.

A venda ilegal para lojas de animais e para floriculturas é a modalidade que mais estimula o tráfico, já que são enviadas quantidades grandes de organismos. Entre as plantas, orquídeas, bromélias e também cactáceas figuram entre as mais comercializadas. Para os animais, novamente as aves, mas também cágados e jiboias são vítimas do comércio ilegal. O controle sobre o tráfico é muito difícil. Além da quantidade insuficiente de pessoal para a fiscalização, em um país com as dimensões do Brasil, a facilidade de transposição de fronteiras pela via terrestre é muito grande. No caso das plantas, por exemplo, o controle é quase impossível, já que podem ser enviadas sementes que depois são cultivadas em estufas para serem comercializadas...

A modalidade de tráfico da biodiversidade voltado ao aproveitamento de produtos de nossa flora e fauna para produção de medicamentos é uma das mais lucrativas e das que mais crescem. Alguns pesquisadores estrangeiros desprovidos de ética entram em nosso país como turistas e traficam elementos de nossa diversidade para empresas produtoras de fármacos. Essas empresas patenteiam os resultados e depois cobram pelo uso de seus produtos. Tal é o caso de uma grande quantidade de plantas da Amazônia brasileira, das mais diversas famílias botânicas. Um exemplo bem ilustrativo é o cupuaçu (*Theobroma grandiflorum*) e da andiroba (*Carapa guianensis*), cujos extratos vegetais foram patenteados por grupos extrabrasileiros que depois requisitaram do Brasil o pagamento dos direitos de uso desses produtos. No caso dos animais, anfíbios, répteis e aranhas estão entre os principais alvos de comércio ilegal. Um grama de um princípio ativo imunodominante (a substância que é usada na fabricação de um fármaco) extraído do veneno da coral-verdadeira (*Micrurus frontalis*) chega a custar mais de trinta mil dólares no mercado exterior!

Essa última modalidade de depredação e uso ilegal da nossa biodiversidade tem motivado debates muito importantes dos quais nenhum cidadão minimamente informado deveria ficar de fora. Isso diz respeito, inclusive, a você!

Se por um lado a extração e a exploração de elementos de nossa biodiversidade *"com fins científicos"* gerou essa deturpação que acabamos de relatar, por outro, muito da pesquisa científica séria foi afetada por generalizações impróprias. Houve, em dado momento, certa onda de aversão a tudo o que fosse estrangeiro, inclusive a pesquisadores e cientistas éticos e sérios que pretendiam trabalhar em nosso país em colaboração com cientistas daqui. Isso representou um atraso considerável para a ciência e o conhecimento em nosso país.

É preciso fazer uma distinção clara entre o roubo de nossa diversidade, caracterizado pela biopirataria, e as atividades próprias da Ciência e de cientistas sérios. O trabalho de pesquisadores daqui, associados a pesquisadores estrangeiros, sempre tem produzido resultados de excelente qualidade. Afinal, não podemos ser ingênuos a ponto de acreditar que conseguiremos fazer tudo sozinhos, não é?! É preciso ter presente que a Ciência é uma atividade social, global, feita por pessoas que têm objetivos comuns, independentemente de fronteiras geográficas e nacionalidades. É preciso lembrar, também, que a preservação de nossa riqueza biológica necessariamente passa pela aquisição do conhecimento científico sobre ela. Atrasar esse conhecimento, mais do que uma imprudência, é uma irresponsabilidade!

7 Preservando a biodiversidade

Depois de todo o quadro sombrio que pintamos a respeito da perda da biodiversidade (e, acredite, ele é real!) vamos tentar lançar um colorido a mais nessa paisagem... Uma pincelada de verde aqui, um pouco de luz ali e aí está: vamos falar sobre conservação da biodiversidade!

A biodiversidade pouco conhecida

Como já lhe contamos, tanto a intensidade quanto a velocidade das mudanças ambientais causadas pelas atividades humanas têm sido muito maiores nos últimos dois séculos do que ao longo de toda a história da vida na Terra. Uma parte desses efeitos sobre a biodiversidade é irreversível, como a extinção definitiva de espécies animais e vegetais e a destruição de florestas tropicais – não há como plantar uma floresta tropical que seja idêntica à floresta original, ora bolas! Mas, felizmente, uma parte desses efeitos devastadores pode ser evitada.

Antes de apresentarmos as principais estratégias utilizadas para conservá-la, é importante que você esteja atento para um fato: o estado precário do conhecimento sobre a biodiversidade mundial e especialmente sobre a tropical. Na verdade, muito do que tem sido dito sobre a biodiversidade nos trópicos baseia-se em relativamente poucos estudos. Isso principalmente se considerarmos a enorme biodiversidade tropical. Esses estudos geralmente se referem a grupos cujas espécies possuem tamanho grande (plantas, animais vertebrados e alguns grupos de invertebrados) ou alguma característica de grande interesse para o homem. Como exemplo, estima-se que para cada cem pesquisadores capacitados para classificar e descrever novas espécies de vertebrados, há dez aptos a classificar e descrever novas espécies de plantas e um para invertebrados.

Mesmo para grupos de vertebrados, como peixes, répteis e anfíbios, o encontro de espécies ainda desconhecidas pela comunidade científica é um acontecimento frequente, especialmente nos trópicos. Calcula-se que mais de cinco mil espécies de peixes, répteis e anfíbios tropicais sejam ainda desconhecidos. Além disso, mesmo para espécies tão evidentes como árvores e grandes mamíferos tropicais, ainda conhecemos muito pouco sobre sua distribuição, suas necessidades, seus inimigos naturais e sobre o tamanho e a variabilidade genética de suas populações. Sem esses conhecimentos básicos, torna-se difícil saber se essas espécies estão ameaçadas ou não.

E por que conhecemos tão pouco sobre a diversidade nos trópicos?

Em grande parte, tal falta de conhecimento deve-se ao número relativamente pequeno de pesquisadores capacitados para classificar e descrever as espécies tropicais. Calcula-se que atualmente existam, nos trópicos, menos de dois mil pesquisadores com tais capacidades. Existem mais especialistas capacitados para classificar e descrever novas espécies de plantas nos Estados Unidos do que em todos os países tropicais juntos. O tamanho real dessa limitação aparece quando lembramos que mais de dois terços da biodiversidade do mundo estão nos países tropicais.

Quer um exemplo? Existe um órgão internacional denominado "Organização para a Flora Neotropical". Essa organização agrega pesquisadores do mundo todo (trópicos e não trópicos) interessados em conhecer e catalogar as espécies de angiospermas que ocorrem nos neotrópicos (os trópicos que ocorrem nas Américas). De acordo com essa organização, se for mantida a mesma velocidade de descrição dessa flora com o mesmo número de especialistas que temos hoje, calcula-se que as plantas neotropicais demorem cerca de seiscentos anos para serem totalmente descritas!!! Isso é mais tempo do que o decorrido desde a chegada de Cabral ao Brasil até hoje!

Então, não há solução? Claro que há! A solução para esse problema encontra-se na formação de um maior número de especialistas e um maior incentivo para inventários de organismos e sua catalogação. Programas como o PROBIO (Projeto de Conservação e Utilização Sustentável da Diversidade Biológica Brasileira) do governo federal e o Biota/FAPESP (Fundação de Amparo à Pesquisa do Estado de São Paulo) são iniciativas de grande importância nesse sentido.

Os primórdios da conservação da biodiversidade

A preocupação com a degradação de *habitats* e com ameaças a espécies é relativamente recente nos países tropicais. Entretanto, algumas vozes solitárias já tentavam alertar para a devastação das florestas tropicais há alguns séculos. Na virada do século XVIII para o século XIX, o mineralogista José Vieira Couto descreveu a forma com que os brasileiros destruíam a Mata Atlântica de Minas Gerais "com o machado em uma mão e o tição em outra", ou seja, derrubando tudo e colocando fogo! (Veja a Figura 2.) A agricultura de corte e queima praticada naquela época e nos séculos seguintes foi responsável pela substituição de grande parte da Mata Atlântica por canaviais e cafezais. Histórias semelhantes passaram-se em praticamente todos os países tropicais. Por longo tempo, as florestas densas foram vistas como obstáculos ao desenvolvimento das colônias europeias situadas nos trópicos.

FIGURA 2. DERRUBADA DE UMA FLORESTA BRASILEIRA NO SÉCULO XIX

FONTE: CASA LITOGRÁFICA ENGELMANN, PARIS GRAVADOR L. DEROY, RUGENDAS. *DEFRICHEMENT D'UNE FORÊT.*

No início do século XX já havia uma preocupação generalizada com a degradação de *habitats* e com ameaças a espécies ao redor do mundo. Entretanto, um interesse mais profundo sobre esses assuntos só veio a emergir na década de 1970. A partir de então, governos e sociedade civil (representadas principalmente pelas organizações não governamentais, as ONGs) atentaram para a importância da biodiversidade e para os efeitos desastrosos das atividades humanas sobre ela. A conscientização e os esforços para reverter o quadro de perda de biodiversidade observado até então culminaram com a Conferência sobre Meio Ambiente e Desenvolvimento realizada no Rio de Janeiro em 1992 (a Eco 92). Tal conferência enfatizou a importância da conservação para o desenvolvimento humano e consolidou a ideia de uso sustentável dos recursos naturais, ou seja, de que é possível usar os recursos naturais de forma mais inteligente, sem comprometer a disponibilidade desses recursos no futuro. Sabe o que isso significou? A manutenção da biodiversidade passou a ser vista como um pré-requisito para o desenvolvimento sustentável da humanidade ao invés de um fator que dificultava o progresso humano!

Um dos principais resultados da Eco 92 foi a Convenção sobre Diversidade Biológica, um tratado internacional que visava

> a conservação da diversidade biológica, a utilização sustentável de seus componentes e a repartição justa e equitativa dos benefícios derivados da utilização dos recursos genéticos, mediante, inclusive, o acesso adequado aos recursos genéticos e a transferência adequada de tecnologias pertinentes, levando em conta todos os direitos sobre tais recursos e tecnologias, e mediante financiamento adequado.

Conservação você já sabe o que é; uso sustentável, também... Sobre a tal "repartição justa e equitativa dos benefícios", gostaríamos que você meditasse demorando-se em cada palavra dessa sentença. Temos certeza de que entenderá o recado!

Atualmente com 168 países signatários, a Convenção tem orientado a maioria das ações desses países no sentido de cumprir seus objetivos básicos. Será que eles têm conseguido? A seguir, veremos como a humanidade tem agido...

A proteção de espécies

A preservação de espécies visa prioritariamente à manutenção de populações viáveis de organismos em seu ambiente natural. Entretanto, a manutenção de indivíduos fora do ambiente natural – como animais em zoológicos e criadouros de animais e bancos de sementes e germoplasma (cultura de tecidos vegetais geralmente usada para o melhoramento de plantas cultivadas) – também pode contribuir para a conservação de espécies caso seja necessária a recolonização de seus *habitats*. Embora muito importante em alguns casos (como na recuperação das populações de micos-leões-dourados), a conservação fora do ambiente natural tem aplicação muito limitada quando comparada com a preservação dos organismos em seus próprios *habitats*. Os motivos para isso, você já deve imaginar quais são, não?!

Em grande parte, as práticas de conservação são ditadas pelos governos, ou seja são restritas ao território de cada país. E, como seria de se esperar, elas dependem fortemente do ambiente político, econômico e social de cada nação. Em geral, a conservação voltada às espécies dá-se pela fiscalização e o controle da captura, posse e comercialização de animais e plantas. Apenas recentemente as plantas têm sido incluídas nesse controle.

Na grande maioria dos países tropicais existem leis bastante restritivas em relação à biodiversidade, especialmente em consequência da Convenção sobre Diversidade Biológica. O problema é aquele que você já conhece: simples leis no papel não impedem as ameaças à biodiversidade. É preciso que haja fiscalização intensiva e constante para que tais leis sejam cumpridas, o que nem sempre ocorre nos países tropicais.

Além das leis que visam a proibir a coleta de grupos inteiros de organismos (como as de caça e pesca, por exemplo), leis adicionais podem ser mais restritivas ainda, com o objetivo de preservar determinadas espécies em risco de extinção. Como forma de auxiliar nessas ações, especialistas preparam as listas de espécies ameaçadas (algumas vezes chamadas de listas vermelhas – você pode imaginar porque...) sob a coordenação de governos e ONGs.

A lista mundial de espécies ameaçadas é coordenada pela União Internacional para a Conservação da Natureza (conhecida pela sigla IUCN), com sede na Suíça. Aqui no Brasil, como na grande maioria dos países, a lista nacional de espécies ameaçadas é preparada sob a coordenação do governo federal, por intermédio do Ministério do Meio Ambiente, com a participação de ONGs. A última edição da lista oficial brasileira de animais ameaçados de extinção foi publicada em 2003 e 2004; nesse mesmo ano foram iniciados os trabalhos para a produção da lista brasileira de plantas ameaçadas. A lista de plantas ameaçadas foi concluída em 2005, porém, sua divulgação oficial demorou três anos, tendo sido publicada em setembro de 2008. Como em outros países, no Brasil têm sido produzidas também várias listas estaduais de espécies ameaçadas (principalmente de animais), coordenadas pelos governos de cada estado.

O principal objetivo das listas vermelhas é informar e alertar os governos e a sociedade civil sobre as ameaças sofridas pelas espécies e sobre o estado de conservação das mesmas (ou seja, se correm risco de extinção ou não). O cenário ideal é aquele em que essas listas tenham influência nas decisões sobre a ocupação e o uso do solo, a definição de estratégias de conservação, a execução de medidas que visem diminuir as ameaças que as espécies vêm sofrendo e o direcionamento de programas de pesquisa e de formação de profissionais. Nesse sentido, o governo brasileiro liberou recursos para estudos adicionais sobre espécies ameaçadas logo em seguida à publicação da última lista no final de 2003. Com esses estudos, espera-se que algumas das espécies sejam efetivamente protegidas e deixem de aparecer nas futuras listas de espécies ameaçadas... Seria ótimo, não?

Em geral as listas de espécies ameaçadas apresentam uma classificação que indica a probabilidade de extinção à qual a espécie está sujeita. Além das categorias "extinta" e "extinta na natureza" (quando ainda restam indivíduos em cativeiro), as categorias adotadas na lista mundial para as espécies ameaçadas são: "criticamente em perigo", "em perigo" e "vulnerável".

E como se faz para que uma espécie seja ou não incluída em uma dessas categorias?

A inclusão nessas categorias depende da avaliação de critérios que tratam da extensão do território onde a espécie ocorre, do número de localidades em que foi encontrada, do tamanho de suas populações (incluindo estimativas sobre tendências de diminuição ou aumento do número de indivíduos) e tipos e intensidade das ameaças às quais está sujeita. Por isso é essencial a participação de cientistas que detêm tais conhecimentos na preparação das listas: para a grande maioria das espécies as informações não estão disponíveis! Mais de quatrocentos especialistas em animais contribuíram na preparação da última edição da lista brasileira de animais ameaçados. No caso das plantas, foram cerca de trezentos os botânicos que colaboraram na lista da flora ameaçada.

Algumas vezes, a produção de listas de espécies ameaçadas esbarra em problemas sociais e econômicos. A lista brasileira publicada em junho de 2003 não incluía peixes e invertebrados aquáticos, pois, pelos critérios utilizados para a confecção da lista, alguns peixes e crustáceos de grande interesse comercial e social – por gerarem divisas e empregos, como o pirarucu, a sardinha, o guaiamum e o caranguejo-uçá – deveriam ser considerados como ameaçados de extinção. Como a exploração comercial de espécies ameaçadas de extinção é proibida pelas leis brasileiras, a inclusão desses animais na lista tornaria ilegal sua exploração. A segunda parte da lista de espécies ameaçadas de extinção, contendo invertebrados aquáticos e peixes, só veio a ser publicada um ano depois, em junho de 2004. Para as espécies de grande interesse econômico e social, a solução foi criar novas categorias – Sobre-explotadas e Ameaçadas de Sobre-explotação – de forma a não inviabilizar sua exploração comercial.

No caso das plantas, a lista produzida pelos especialistas em flora, em 2005, continha 1.537 espécies, ao passo que a Lista Oficial, publicada pelo Ministério do Meio Ambiente em 2008, continha pouco menos de um terço desse número (472 espécies). Esse é um exemplo bastante ilustrativo de que, muitas vezes, a produção das "listas vermelhas" acaba sofrendo influências e interferências variadas, que vão além do conhecimento dos especialistas somente.

Essa, aliás, é uma questão muito importante para você pensar: é possível contrapor estas realidades? O cientista diz: essa espécie está ameaçada de extinção! O governo diz: essa espécie gera dinheiro para o país. O coletor diz: se eu não coletar, meus filhos passam fome...

A alta biodiversidade associada à pressão de ocupação de seus ecossistemas faz com que os países tropicais figurem entre aqueles que mais possuem espécies ameaçadas. Por exemplo, a América Latina encontra-se entre as três regiões com maior número de espécies ameaçadas de aves, mamíferos, animais marinhos, anfíbios e répteis. Além de ser um campeão em biodiversidade, o Brasil também é um dos campeões em número de espécies ameaçadas. A lista mundial da IUCN inclui 386 espécies de plantas e 356 de animais ameaçados para o Brasil. Por sua vez, a lista oficial brasileira de animais ameaçados conta com 625 espécies. São 205 invertebrados, 156 aves, 160 peixes, 69 mamíferos, 20 répteis e 15 anfíbios ameaçados. A lista oficial da flora brasileira ameaçada conta com 472 espécies, sendo 10 briófitas, 8 pteridófitas, 2 gimnospermas e 452 angiospermas. A situação não é diferente nos demais países da América tropical. Como exemplo, mais de metade dos mamíferos argentinos é considerada ameaçada...

Também importante para a conservação de espécies é a Convenção sobre o Comércio Internacional de Espécies da Flora e Fauna Selvagens em Perigo de Extinção (conhecida pela sigla CITES), com quase 150 países signatários, incluindo o Brasil. O comércio internacional de vida silvestre é enorme, movimentando bilhões de dólares e envolvendo mais de 350 milhões de plantas e animais anualmente. Sem o controle pela CITES, tal comércio pode vir a comprometer a sobrevivência de várias espécies ameaçadas. A CITES determina vários níveis de proteção e, portanto, de restrições ao comércio, para mais de trinta mil espécies (a maioria plantas e vertebrados), dependendo do estado de conservação e do impacto do comércio internacional.

Na prática, a conservação voltada a espécies tende a se concentrar nas grandes, com forte apelo emotivo junto à população ou altamente ameaçadas. De fato, para algumas dessas espécies foram obtidos resultados animadores, como a recuperação das populações do mico-leão-dourado no Brasil e do rinoceronte-branco da África.

É fácil você perceber, no entanto, que a conservação voltada a espécies dificilmente conseguiria dar conta das centenas de milhares de organismos de grande porte conhecidos e muito menos dos vários milhões de espécies de pequeno porte. Outro fato: espécies de grande porte tendem a ocupar extensas áreas naturais. Desse modo, a proteção de seus *habitats* implica a proteção de diversas outras espécies de menor porte que ocorrem nos mesmos ambientes. É sobre isso que vamos falar...

A proteção de *habitats*

Uma prática complementar à proteção direcionada a espécies é a proteção de *habitats*. Como isso é feito? Por meio da criação de áreas protegidas, as chamadas unidades de conservação. Nas últimas décadas, diversas unidades de conservação foram criadas em países tropicais tendo em vista principalmente a proteção de espécies animais. Outras foram criadas exclusivamente pelas belezas cênicas que algumas áreas contêm.

O primeiro Código Florestal brasileiro, publicado de 1934, foi o primeiro instrumento legal que regulamentou as áreas protegidas no Brasil. Esse conjunto de leis visava proteger áreas naturais de valor paisagístico, sem referência direta à proteção da biodiversidade. O código florestal seguinte, publicado em 1965, já inclui a proteção da flora e da fauna nos objetivos das unidades de conservação.

A partir da primeira metade do século XX, diversos países ao redor do mundo começaram a criar unidades de conservação. Tal tendência intensificou-se na segunda metade do século. Como exemplo, o número de unidades de conservação ao redor do mundo aumentou mais de dez vezes entre 1962 e 2003 (de nove mil para mais de cem mil!). Nesse mesmo intervalo de tempo, a área total das unidades de conservação aumentou quase oito vezes: de 2,4 para quase 19 milhões de km^2. Tal aumento reflete em grande parte a maior preocupação com a proteção da biodiversidade observada nas últimas décadas. As áreas protegidas atuais correspondem a cerca de 11% da superfície terrestre do planeta e apenas 0,5% da superfície marinha.

Agora falemos de nós... Você tem ideia qual foi a primeira unidade de conservação do Brasil???

O Parque Nacional de Itatiaia, localizado na Serra da Mantiqueira, divisa entre os estados de São Paulo, Minas Gerais e Rio de Janeiro, foi o primeiro a ser criado, em 1937. Hoje o Instituto Chico Mendes de Conservação da Biodiversidade (ICMBio), do Ministério do Meio Ambiente, administra cerca de 130 unidades de conservação de proteção integral e os estados brasileiros administram outras 370, divididas em: parques nacionais e estaduais, reservas biológicas, reservas ecológicas, estações ecológicas e refúgios de vida silvestre. Aliás, esse é um bom tema para pesquisa. Não é nosso objetivo detalhar cada tipo, mas se você tem curiosidade de saber um pouco mais, vá em frente. Asseguramos que descobrirá coisas incríveis!

Mas, para que servem afinal tais reservas? As reservas de proteção integral têm por objetivo a manutenção dos ecossistemas, livres de alterações causadas pelo ser humano. Admite-se apenas o uso indireto dos seus recursos naturais, o que inclui pesquisa científica, educação ambiental, recreação e ecoturismo. A área somada dessas reservas no Brasil é de mais de 370 mil km^2, sendo que dois terços de tal área estão nos 340 parques nacionais e estaduais. Parece muito, mas não é... Lembre-se: o Brasil é muito grande! Isso representa menos de 5% do território brasileiro!

A distribuição das reservas de proteção integral no território brasileiro não é equilibrada entre as regiões. Na Amazônia, por exemplo, onde ainda existem extensões imensas de terra desabitada, estão mais de 80% da área total dos parques nacionais, reservas biológicas e estações ecológicas federais. Por sua vez, apenas 36% dos 90 mil km^2 que restaram da Mata Atlântica estão em unidades de conservação. Vale lembrar que, quando os portugueses aportaram na costa brasileira em 1500, a Mata Atlântica cobria cerca de 1,3 milhão de km^2!

As áreas legalmente protegidas integram um Sistema Nacional de Unidades de Conservação (SNUC). Além das áreas de proteção integral descritas antes, o SNUC inclui também unidades classificadas como de uso sustentável. Nelas, é permitida a exploração do ambiente de forma sustentável, ou seja, garantindo-se *"a manutenção dos recursos ambientais renováveis e dos processos ecológicos, mantendo a biodiversidade e os demais atributos ecológicos, de forma socialmente justa e economicamente viável"*. Pense sobre o que significa "socialmente justa e economicamente viável"...

As mais de 170 unidades de uso sustentável federais compreendem as áreas de proteção ambiental (conhecidas por APAs), áreas de relevante interesse ecológico (as ARIEs), reservas extrativistas e florestas nacionais (aqui, informe-se também sobre o que significa cada um desses tipos, certo?), que somam mais de trezentos mil km^2, ou menos de 4% do território nacional. A distribuição das florestas nacionais no território brasileiro, que totalizam quase duzentos mil km^2 (ou dois terços de todas as unidades de uso sustentável), é concentrada na Amazônia, como as áreas de uso sustentável. Por sua vez, ao contrário das florestas nacionais, as áreas de proteção ambiental (criadas em áreas já ocupadas por populações humanas), concentram-se nas regiões mais habitadas do país. Além das mais de 170 unidades de uso sustentável federais, os estados brasileiros administram outras trezentos destas reservas, totalizando cerca de 450 mil km^2.

Somadas, todas as áreas protegidas do Brasil (federais e estaduais, de uso integral e de uso sustentável) cobrem pouco mais de um milhão de quilômetros quadrados, o que corresponde a 13% do território brasileiro, proporção muito próxima da média mundial de 14%. Um dos programas governamentais relacionados a áreas protegidas tem o objetivo de estender essas áreas a 10% de cada um dos biomas brasileiros. Isso seria ótimo, não?! Certamente esse sistema de áreas protegidas ajudará na manutenção de grande parte da biodiversidade brasileira.

Em alguns países tropicais como a Costa Rica, a porcentagem de áreas protegidas atinge quase 20% do território. Diferenças regionais também são evidentes: no sul da África, quase 15% do território está em reservas, ao passo que no norte desse continente, essa porcentagem cai para 1%.

De forma geral, a porcentagem da área dos ecossistemas tropicais que se encontra protegida é maior do que aquela dos ambientes extratropicais. Cerca de 24% das florestas tropicais úmidas e mais de 12% das savanas tropicais estão em reservas, ao passo que 13% das florestas temperadas estão protegidos. Bem, de certa forma, por tudo o que temos falado até aqui, tais números se justificam, não? Como a grande maioria da biodiversidade encontra-se em ambientes tropicais, essa distribuição tendenciosa do total de áreas protegidas do planeta certamente levará à proteção de um maior número de organismos.

Um fato que prejudica a conservação da biodiversidade tropical como um todo é o número muito maior de reservas nos ambientes terrestres em comparação com os ambientes marinhos. Foi estimado que as reservas de ambientes marinhos totalizam uma área de 1,6 milhões de km^2, ou cerca de 9% do total de áreas preservadas do mundo e apenas 0,5% da superfície dos oceanos! A maior reserva marinha do mundo encontra-se na Grande Barreira de Coral, na Austrália, com área de 345 mil km^2 ou um quinto de todas as áreas marinhas protegidas.

No Brasil, a situação não é diferente. Das mais de cem unidades de conservação de proteção integral administradas pelo governo federal, menos de vinte destinam-se à proteção de ambientes marinhos. Se por acaso você pretende ser político (ou já é!) e se preocupa com preservação, eis um ótimo ponto para trabalhar!

Pontos quentes ou pontos frios?

A intensidade e a velocidade com que a biodiversidade vem sendo perdida nas últimas décadas faz com que os conservacionistas busquem formas de proteger o maior número possível de espécies, de preferência com os menores custos, pois os recursos disponíveis para conservação não são ilimitados. Pelo contrário, são limitados e só quem trabalha com isso sabe o quanto!

No final da década de 1990, o conservacionista inglês Norman Myers propôs que a prioridade para investimentos em conservação deveria ser concentrada em áreas com grande número de espécies endêmicas e sob forte ameaça pelas atividades humanas. (Myers, N., R. A. Mittermeier, C. G. Mittermeier, G. A. B. da Fonseca e J. Kent. 2000. Biodiversity hotspots for conservation priorities. *Nature* 403:853–858.) Por apresentarem tais características, essas áreas foram chamadas de pontos quentes de biodiversidade (ou *hotspots*). Gostou do nome?!? Pois é assim mesmo que eles são conhecidos no mundo todo: *hotspots*!

O principal argumento para tal priorização dos esforços de conservação é que ela estancaria, em grande parte, a extinção em massa que está ocorrendo atualmente.

Recentemente, o conceito de *hotspots* foi consolidado e o número de áreas desse tipo ao redor do mundo subiu para 34, boa parte delas localizadas entre os trópicos (veja o Mapa 1). Embora ocupem apenas 15,7% dos ambientes terrestres, em conjunto, os *hotspots* constituem o *habitat* exclusivo de 150 mil espécies de plantas (metade de todas as plantas conhecidas do planeta) e mais de vinte mil espécies de vertebrados (dois terços de todos os vertebrados conhecidos). Duas dessas áreas estão quase totalmente em território brasileiro: a Mata Atlântica e o Cerrado. Juntas, elas possuem mais de 12 mil espécies de plantas e quase setecentos vertebrados endêmicos. Um fato interessante é que os *hotspots* coincidem em grande parte com outras listas de regiões prioritárias para conservação produzidas anteriormente, utilizando critérios semelhantes (por exemplo, grau de endemismo de plantas e de aves).

Os trabalhos de Myers e colaboradores sensibilizaram o "mercado conservacionista" mundial. Isso resultou em uma canalização efetiva de recursos financeiros para os *hotspots*: calcula-se que foram gastos 750 milhões de dólares para a conservação dessas áreas entre 1990 e 2003. Isso é bom, não é?! Mas, infelizmente, tudo na vida tem o outro lado...

Alguns pesquisadores recentemente chamaram a atenção para as consequências que essa priorização dos *hotspots* pode ter sobre o futuro de imensas áreas do planeta que não foram consideradas como tais. (Kareiva, P. e M. Marvier. 2003. Conserving biodiversity coldspots. *American Scientist* 91:344-351.) Afinal, esses pontos frios – ou não tão quentes! – de biodiversidade (*coldspots* em inglês) também ocorrem mais da metade de todas as plantas e dois terços dos vertebrados conhecidos! Aqueles pesquisadores sugerem que, na hora de decidir onde os recursos financeiros serão gastos, outros aspectos devem ser considerados além do número e do grau de endemismo de espécies. Segundo eles, os critérios devem incluir também a preservação dos serviços ambientais (já falamos sobre eles, lembra-se?), do maior número possível de linhagens evolutivas únicas (ou seja, de grupos de organismos que evoluíram independentemente de outros grupos por longo tempo), de regiões naturais de beleza excepcional e a conservação da natureza de forma a promover o bem-estar das pessoas.

Viu como as coisas são bem mais complicadas do que parecem?!

Em resumo, embora priorizar a preservação de áreas com enorme biodiversidade seja uma tentação, é preciso lembrar que outros aspectos devem ser levados em conta além do simples número de espécies. De fato, seria muita ingenuidade imaginar que uma única ou poucas fórmulas seriam suficientes para preservar a enorme complexidade da natureza, da qual a biodiversidade é parte crucial!

Conclusão

Chegamos ao fim...

Ou ao começo, se você preferir! Enquanto a leitura do capítulo sobre perdas deve ter deixado você pessimista, esperamos que os parágrafos desse último capítulo tenham servido como tranquilizantes. Esperamos ter esclarecido alguns pontos vitais relativos à biodiversidade tropical, especialmente sua importância para a humanidade.

É óbvio que a situação é extremamente crítica com relação à perda da biodiversidade e que devemos promover e incentivar qualquer iniciativa no sentido de diminuir ou estancá-la. Embora ainda haja muito a aprender, felizmente os conhecimentos que acumulamos até agora já nos permitem elaborar – e colocar em prática – estratégias de conservação que incluam os mais diversos aspectos da biodiversidade tropical. Biodiversidade que é um patrimônio da humanidade de valor incalculável...

Queremos, sobretudo, que este livro tenha despertado em você uma mudança de atitude. Agora que já sabe um pouco mais sobre biodiversidade nos trópicos, abra bem as cortinas (inclusive as da mente!) e olhe pela janela...

Esse é o resultado de nossa história evolutiva! Nossa porque é sua, minha e daquele bebê-pinguim encolhido lá no polo Sul. Também é a história das bromélias dependuradas em árvores enormes da Mata Atlântica ou das serpentes isoladas em ilhas de nosso litoral.

Assim, quando você tiver a tentação de dizer: "o homem destrói", faça um exame de consciência, mude o sujeito de seu verbo e inclua-se. Sim, você não é tão inocente assim nesse processo. Ou você pretende abrir mão de seu banho quente ou então voltar a andar sobre lombo de mulas? Lembre-se: todo progresso tem seu preço!

Também não caia, por favor, na facilidade do discurso que dispõe progresso *versus* natureza. Vamos lhe contar um segredo: isso está completamente fora de moda!

A situação em favor da biodiversidade só começará a mudar quando nos incluirmos como parte dela! Então, preservá-la será preservar nossa própria sobrevivência. Nesse contexto, o progresso tecnológico será posto não só ao nosso serviço como também a serviço dessa diversidade.

Olhe mais uma vez através da janela... essa paisagem já não é tão estranha, não é? Você consegue se enxergar nela? Sim?!?

Então agora, mãos à obra! Existe toda essa herança para você administrar!

Glossário

Amazônia – Bioma que ocorre na metade norte da América do Sul, a leste dos Andes, no qual predominam florestas pluviais de terra firme e florestas inundáveis.

Bioma – Grande região ecológica caracterizada pela formação vegetal predominante, a qual é determinada principalmente pelos fatores climáticos (temperatura e umidade) relacionados com a latitude.

Biomassa – A massa total dos organismos de uma determinada área.

Biosfera – Conjunto de todas as áreas da Terra onde existe vida, incluindo zonas profundas dos oceanos e parte da atmosfera.

Caatinga – Bioma exclusivamente brasileiro, localizado na região do semiárido nordestino, com limite sul em Minas Gerais. Caracteriza-se por um regime de chuvas muito irregular no tempo e no espaço, o que condiciona o estabelecimento de uma vegetação adaptada à falta de água, perdendo completamente as folhas no período da seca e tornando-se rapidamente verde logo após as primeiras chuvas.

Cadeia trófica – Uma sequência de organismos em níveis tróficos sucessivos, através da qual a energia é transferida pela alimentação.

Cambriano, período – O período geológico que vai de aproximadamente 570 a 504 milhões de anos atrás.

Carbonífero, período – O período geológico que vai de aproximadamente 365 a 290 milhões de anos atrás.

Cerrado – Bioma que ocorre na região central da América do Sul, no qual predominam vegetações savânicas.

Ciclos biogeoquímicos – O sistema cíclico por meio do qual um dado elemento químico é transferido entre porções bióticas e abióticas da biosfera.

Coldspots — Em contraste com os *hotspots*, são áreas naturais (ecossistemas, biomas) nas quais não há a combinação de alta diversidade associada a grande ameaça característica daqueles, mas que mesmo assim merecem atenção dos conservacionistas.

Colonização — A invasão bem-sucedida de um novo ambiente por um organismo.

Competição — Interação na qual o uso de um recurso por um organismo prejudica outro organismo que necessita do mesmo recurso.

Comunidade — Conjunto de todos os organismos, de diferentes espécies (animais, vegetais, microrganismos), que habitam um mesmo ambiente.

Conservacionistas — Pessoas que agem em prol da conservação dos recursos naturais.

Cretáceo, período — O período geológico que vai de aproximadamente 365 a 290 milhões de anos atrás.

Devoniano, período — O período geológico que vai de aproximadamente 413 a 365 milhões de anos atrás.

Divisão — Grupo abrangente de vegetais com características semelhantes; corresponde ao filo animal.

Ecologia — O estudo das inter-relações entre os organismos e seu ambiente (biótico e abiótico).

Ecossistema — Complexo (ou sistema) dinâmico que inclui vegetais, animais e microrganismos, o meio inorgânico em que vivem e as inter-relações entre todos.

Efeito-estufa desregulado — A tendência de aumento da temperatura da atmosfera causada pelo aumento da concentração de gases do efeito-estufa (dióxido de carbono, metano, óxido nitroso etc.) na mesma. Esse aumento de temperatura acontece porque esses gases, em conjunto com o vapor d'água, absorvem com maior eficiência o calor irradiado da terra do que a radiação solar direta.

Endêmico — Confinado a certa região geográfica.

Espécie — Conjunto de indivíduos que potencialmente se cruzam entre si produzindo descendentes férteis. Esse conceito, denominado conceito biológico, é bastante utilizado sobretudo no estudo dos animais. Para plantas, utiliza-se mais frequentemente o conceito morfológico (ou tipológico) de espécie, segundo o qual espécie é um conjunto de indivíduos que apresentam semelhanças morfológicas entre si.

Especiação — Processo pelo qual surgem novas espécies de seres vivos a partir de uma linhagem ancestral preexistente.

Evapotranspiração — Soma da água produzida pela transpiração das plantas e pela evaporação da água do solo, que indica a quantidade de água disponível no ambiente.

Extinção — Processo pelo qual uma ou mais espécies de seres vivos desaparecem definitivamente.

Família — Categoria de classificação dos seres vivos que reúne em seu conjunto um ou vários gêneros. Na hierarquia de classificação, é um grupo mais abrangente do que Gênero e menos abrangente do que Ordem.

Filo — Categoria de classificação dos seres vivos que reúne em seu conjunto uma ou mais classes. Na hierarquia de classificação, é um grupo mais abrangente do que Classe e menos abrangente do que Reino. Para as plantas, frequentemente é usado o termo Divisão em vez de Filo.

Fitoplâncton — Conjunto de organismos presentes no plâncton e que tem como característica comum a presença de clorofila.

Floresta decídua — Tipo de vegetação florestal que perde todas as folhas (ou a maior parte delas) durante determinado período do ano.

Floresta latifoliada — Floresta geralmente situada em áreas que não apresentam deficiência de água e cujas plantas possuem folhas alargadas.

Floresta nebulosa — Floresta que ocupa grandes altitudes e sofre influência direta da neblina que se acumula sobre essas regiões.

Floresta temperada — Floresta localizada entre os polos e os trópicos, caracterizada por estar sujeita a baixas temperaturas pelo menos durante uma parte do ano. As plantas apresentam folhas caducas ou, quando são persistentes, as folhas geralmente são reduzidas e engrossadas, como nos pinheiros.

Floresta tropical — Floresta localizada na região dos trópicos, onde predominam as temperaturas mais altas e, geralmente, alta pluviosidade. Em geral, caracteriza-se pela alta diversidade de organismos.

Fumarolas submarinas — Fraturas, fissuras e orifícios de onde são exalados gases e vapores diversos relacionados com processos vulcânicos.

Gênero — Categoria de classificação dos seres vivos que reúne em seu conjunto uma ou mais espécies. Na hierarquia de classificação, é um grupo mais abrangente do que Espécie e menos abrangente do que Família.

Glaciação — Período no qual a temperatura atmosférica é baixa ao redor de todo o planeta, geralmente caracterizado por grande acúmulo de gelo nas regiões polares e temperadas e pelo rebaixamento do nível dos mares.

Habitat — O ambiente no qual um organismo vive.

Hotspot — Áreas nas quais há uma associação entre alta diversidade biológica e grande pressão de ocupação humana.

Lhano — Savana aberta, com vegetação predominantemente herbácea, localizada principalmente no norte da América do Sul.

Manguezal — Ecossistema localizado em áreas costeiras nos trópicos, que diariamente é inundado por água salobra quando ocorrem as marés altas.

Mata Atlântica — Floresta tropical localizada principalmente na encosta do planalto atlântico e nas baixadas litorâneas. Caracteriza-se por ser um dos ambientes com maior diversidade de organismos no planeta.

Mata de planalto — Floresta localizada no reverso das escarpas ocupadas pela Mata Atlântica, na porção voltada para o interior do país, bem como nos planaltos interiores. São caracterizadas por clima úmido, porém marcado por uma sazonalidade mais pronunciada.

Mata pluvial — Floresta densa, com plantas sempre verdes, de folhas largas, associada à alta pluviosidade e à umidade constante.

Mata pluvial de encosta — Mata pluvial associada a áreas de encostas de serras. Esse termo geralmente designa a floresta atlântica associada às encostas da Serra do Mar.

Mutualismo — Interação por meio da qual dois ou mais organismos se beneficiam.

Neotrópico — A região biogeográfica que compreende a América do Sul, o Caribe e a América Central ao sul do platô mexicano.

Ordem – Categoria de classificação dos seres vivos que reúne em seu conjunto uma ou mais famílias. Na hierarquia de classificação, é um grupo mais abrangente do que Família e menos abrangente do que Classe.

Ordoviciano, período – O período geológico que vai de aproximadamente 504 a 441 milhões de anos atrás.

Pampa – Área ocupada, no Brasil, pelas planícies do sul. Apresenta fisionomia semelhante à das estepes do hemisfério norte, com predomínio de campos extensos formados por plantas herbáceas, principalmente gramíneas.

Pantanal – Maior planície alagável do mundo, é uma grande bacia intercontinental com inundações periódicas associadas às cheias dos rios que a atravessam. Apresenta um forte domínio de vegetação aquática e, nas partes mais elevadas, vegetação típica de floresta ou de cerrado.

Parasitismo – Interação na qual dois organismos vivem em estreita associação e um deles (o parasita) é metabolicamente dependente do outro (o hospedeiro).

Permiano, período – O período geológico que vai de aproximadamente 290 a 245 milhões de anos atrás.

Picoplâncton – O picoplâncton (onde se incluem as bactérias e também as algas e vários tipos de vírus) é a fração menor do plâncton, com as suas maiores dimensões lineares sempre abaixo de 2 micra (1 mícron equivale a um milionésimo de metro).

População – Agrupamento de indivíduos de uma mesma espécie que vivem em uma mesma área e se reproduzem entre si com frequência.

Predação – Interação na qual um organismo consome outro.

Produção primária – A assimilação ou acumulação de energia e nutrientes pelas plantas e outros organismos autótrofos.

Pseudoextinção – Processo pelo qual uma linhagem deixa de existir por ter dado origem a outra ao longo do tempo evolutivo.

Recifes de coral – Estruturas que consistem da acumulação de esqueletos de corais (animais do filo *Cnidaria*), em meio às quais vive uma infinidade de outros organismos marinhos.

Restinga – Planície litorânea ocupada por depósitos arenosos de diferentes origens, com superfície levemente ondulada e suave declive em direção ao mar.

Savana — Formação vegetal que se caracteriza por apresentar vegetação herbácea contínua entremeada por árvores e arbustos com distribuição descontínua.

Seleção natural — Mudança na frequência de caracteres genéticos de uma população por meio da sobrevivência e da reprodução diferencial de indivíduos portadores desses caracteres.

Serapilheira — Matéria orgânica morta (folhas, galhos, esqueletos de animais etc.) acumulada no chão de florestas e outros tipos de vegetação.

Siluriano, período — O período geológico que vai de aproximadamente 441 a 413 milhões de anos atrás.

Sucessão — Processo pelo qual organismos colonizam e se sucedem temporal e espacialmente em uma comunidade.

Teia alimentar — Rede de cadeias tróficas interconectadas de uma comunidade.

Sugestões de leitura

Conservation International. 2009. *Biodiversity Hotspots. Center for Applied Biodiversity Science*. www.biodiversityhotspots.org. O sítio oficial dos *hotspots*; fornece a base conceitual e prática dos hotspots e informações detalhadas sobre cada área.

Groombridge, B. e M. D. Jenkins, 2002. *World Atlas of Biodiversity: Earth's living resources in the 21st century*. University of California Press, Berkeley. Excelente revisão sobre a biodiversidade no mundo.

IUCN. 2009. *The IUCN Red List of Threatened Species*. http://www.iucnredlist.org. A lista mundial de espécies ameaçadas. Contém informações detalhadas sobre cada espécie.

Joly, C. A. e C. E. M. Bicudo. (Orgs.) 1998-1999. *Biodiversidade do Estado de São Paulo, Brasil*. Série com sete volumes. FAPESP, São Paulo. Apresenta dados detalhados e atualizados sobre a diversidade dos diferentes grupos de organismos no Estado de São Paulo.

Lewinsohn, T. (Coordenador). 2006. *Avaliação do Estado do Conhecimento da Biodiversidade Brasileira*. Série Biodiversidade, 15. Ministério do Meio Ambiente, Secretaria de Biodiversidade e Florestas. Disponível no Portal Brasileiro sobre Biodiversidade, no sítio do Ministério do Meio Ambiente (www.mma.gov.br). Excelente síntese da biodiversidade brasileira.

Lewinsohn, T. M. e P. I. Prado. 2002. *Biodiversidade Brasileira: Síntese do Estado Atual do Conhecimento*. Editora Contexto, São Paulo. Trata-se da síntese do Conhecimento da Diversidade Biológica Brasileira, citado anteriormente.

Machado, A. B. M., G. M. Drummond e A. P. Paglia. (Editores) 2008. *Livro vermelho da fauna brasileira ameaçada de extinção*. Série Biodiversidade, 19. Ministério do Meio Ambiente, Secretaria de Biodiversidade e Florestas. Disponível no Portal Brasileiro sobre Biodiversidade, no sítio do Ministério do Meio Ambiente (www.mma.gov.br). Refere-se à lista de 2003 e 2004 e inclui informações detalhadas sobre cada espécie ameaçada.

Ministério do Meio Ambiente, 2007. *Áreas Prioritárias para Conservação, Uso Sustentável e Repartição de Benefícios da Biodiversidade Brasileira: Atualização*. Série Biodiversidade, 31. Secretaria de Biodiversidade e Florestas. Disponível no Portal Brasileiro sobre Biodiversidade, no sítio do Ministério do Meio Ambiente (www.mma.gov.br). Sintetiza os resultados de uma série de workshops cujo objetivo era rever as áreas prioritárias para conservação no Brasil. Possui informações detalhadas sobre a biodiversidade de todos os ecossistemas brasileiros.

Reaka-Kudla, M. L., D. E. Wilson e E. O. Wilson. (orgs.). 1997. *Biodiversity II: Understanding and Protecting our Biological Resources*. Joseph Henry Press, Washington. Uma ótima coletânea de textos sobre biodiversidade, bem mais atualizada do que o Biodiversidade que o antecedeu. Está disponível em www.nap.edu.

Secretariado da Convenção sobre Diversidade Biológica. 2006. *Panorama da Biodiversidade Global 2*. Disponível no Portal Brasileiro sobre Biodiversidade, no sítio do Ministério do Meio Ambiente (www.mma.gov.br). Relatório atualizado sobre a situação das metas da Convenção sobre Diversidade Biológica.

Wilson, E. O. (org.). 1997. *Biodiversidade*. Editora Nova Fronteira, Rio de Janeiro. O livro que marcou o início da preocupação mundial com a biodiversidade. Foi publicado originalmente em 1988, mas ainda contém uma infinidade de informações úteis sobre biodiversidade.

Questões para reflexão e debate

Como a teoria da evolução de Darwin-Wallace influenciou a forma pela qual as pessoas viam a biodiversidade?

Como os grandes rios amazônicos podem ter influenciado no surgimento de novas espécies de animais terrestres nessa região?

Das regiões do Brasil que você já visitou ou gostaria de visitar, em qual delas você esperaria encontrar maior biodiversidade? Por quê?

Você leu no capítulo 7 o que é um *hotspot* e que no Brasil apenas a Mata Atlântica e o Cerrado são incluídos nessa categoria. Por que a Amazônia brasileira não é considerada um *hotspot*?

Se você tivesse que preservar uma grande quantidade de filos de animais, em quais ecossistemas concentraria seus esforços para conservação: terrestres, de água doce ou marinhos? Por quê?

Em sua opinião, quais seriam as prioridades para a conservação da biodiversidade da região onde você vive?

Quais são as principais ameaças à biodiversidade na região em que você vive?

Compare a forma pela qual uma tribo indígena e os moradores de uma grande cidade utilizam a biodiversidade.

Identifique a influência da biodiversidade local nas manifestações culturais das diferentes regiões do Brasil.

Como você pode contribuir para minimizar o aquecimento global nas próximas décadas?

Como você pode contribuir para a conservação da biodiversidade?

Faça uma lista de animais e plantas comuns na região onde você vive e procure saber quais são nativos e quais são exóticos.

Em sua opinião, qual é a espécie exótica de planta ou animal que mais causa danos à biodiversidade na região em que você vive?

Para que serve uma lista de animais ameaçados de extinção?

SOBRE O LIVRO

Formato: 12 x 21 cm
Mancha: 21,3 x 39 paicas
Tipologia: Fairfield LH Light 10,7/13,9
Papel: Offset 75 g/m² (miolo)
Cartão Supremo 250 g/m² (capa)

1ª edição: 2009
2ª reimpressão: 2016

EQUIPE DE REALIZAÇÃO

Capa
Isabel Carballo

Edição de Texto
Incom Imagem (Preparação de texto)
Luciene Barbosa Lima e Geisa Mathias de Oliveira (Revisão)
Oitava Rima Prod. Editorial (Atualização Ortográfica)

Editoração Eletrônica
Oitava Rima Prod. Editorial

Impresso por :

Graphium
gráfica e editora

Tel.:11 2769-9056